Lecture Notes in Mathematics

A collection of informal reports and seminars
Edited by A. Dold, Heidelberg and B. Eckmann, Zürich

Series: Institut de Mathématique, Faculté des Sciences d'Orsay. Adviser: J.P. Kahane

T0220589

169

Michel Raynaud
Université de Paris, Orsay/France

Anneaux Locaux Henséliens

Springer-Verlag
Berlin · Heidelberg · New York 1970

 Library of Congress Catalog Card Number 70-140564. Printed in Germany.
Title No. 1956

Offsetdruck: Julius Beltz, Weinheim/Bergstr.

Table des matières.

Introduction.

Ce livre contient la matière d'un cours de troisième cycle donné à la Faculté d'Orsay en 1969. Il a pour but d'exposer les propriétés élémentaires des anneaux locaux henséliens. On sait que ces anneaux ont pris récemment une importance considérable en géométrie algébrique grâce à la considération de la "topologie étale" sur les schémas. C'est pourquoi, une grande partie de ces notes est consacrée à l'étude des algèbres étales.

On suppose le lecteur familiarisé avec les techniques usuelles de l'algèbre commutative : localisation, platitude, propriétés des entiers. Bref, il est bon de connaître les chapitres I, II et V de l'algèbre commutative de N. Bourbaki. La majeure partie du livre est rédigée en termes d'anneaux et d'idéaux ; toutefois, certains énoncés sont formulés et démontrés dans le langage plus géométrique des schémas. Le lecteur pourra consulter [3] (chap.I) pour les notions de base de cette théorie.

Dans le dernier chapitre, qui est un peu moins élémentaire, nous reprenons, dans le cadre des algèbres étales, la notion de couple hensélien introduite par Nagata et Lafon [4].

Est-ce la peine de dire que de nombreuses notions et démonstrations que l'on trouvera dans ce livre sont directement inspirées des "Eléments de géométrie algébrique" de A. Grothendieck et J. Dieudonné ? Je voudrais également remercier N. Bourbaki qui m'a donné accès à des notes sur son ouvrage en préparation sur les algèbres étales, Daniel Perrin qui a mené à bien une première rédaction de ce cours et Mademoiselle Boulanger qui a assuré la frappe du manus-

Quelques notations.

Tous les anneaux considérés sont commutatifs. Si p est un idéal premier d'un anneau A , on note $k(p)$ le corps des fractions de l'anneau intègre A/p égal encore au corps résiduel de l'anneau local A_p , localisé de A en p . Si A est un anneau local, on note aussi k_A le corps résiduel de A .

Soient A un anneau, B une A-algèbre, p un idéal premier de A . On appelle fibre de B au-dessus de p , la $k(p)$-algèbre $B \otimes_A k(p)$.

Chapitre I - Notion d'anneau local hensélien.

§1. Décomposition d'une algèbre finie en produit d'anneaux locaux.

Définition 1.- On dit qu'un anneau local A est *hensélien* si toute A-algèbre finie B est décomposée, c'est-à-dire est produit d'anneaux locaux.

Dans la suite de ce paragraphe, A désigne un anneau local d'idéal maximal m et de corps résiduel k ; B est une A-algèbre finie. On pose $\bar{B} = B/mB$.

Proposition 1.- La A-algèbre finie B est un anneau semi-local dont les idéaux maximaux sont les idéaux premiers de B au-dessus de m .

Cela résulte de Bourbaki Alg. com. chap.5 §2 prop.1 et prop.3 .

On note n_i , $i \in I$, la famille finie des idéaux maximaux de B .

Proposition 2.- L'application canonique $\bar{B} \to \prod_{i \in I} \bar{B}_{n_i}$ est un isomorphisme (en particulier, $\bar{B}$ est décomposée).

En effet, $\bar{B}$ est une k-algèbre de longueur finie, donc artinienne, et par suite isomorphe aux produits de ses localisés en ses idéaux premiers (Bourbaki Alg. com. chap.4 §2 prop.9 cor.1).

Proposition 3.- Les conditions suivantes sont équivalentes :

1) B est décomposée.

2) Le morphisme canonique $B \to \prod_{i \in I} B_{n_i}$ est un isomorphisme.

3) La décomposition de $\bar{B}$ se relève en une décomposition de B .

Démonstration.- On a 1)$\Longrightarrow$2). En effet, soit $B = \prod_{j\in J} B_j$ une décomposition de B en produit d'anneaux locaux. Pour tout $j \in J$, soit m_j l'idéal maximal de B_j. Alors l'idéal $m_j \times \prod_{\substack{i\in J \\ j\neq i}} B_i$ de B est maximal. On en déduit d'abord que J est fini, puis que tous les idéaux maximaux de B sont du type précédent, d'où il résulte que 1)$\Longrightarrow$2). Les implications 2)$\Longrightarrow$3) et 3)$\Longrightarrow$1) sont immédiates.

Rappelons qu'un élément e d'un anneau R est un idempotent si $e^2 = e$. On note idemp(R) l'ensemble des éléments idempotents de R.

Proposition 4.- L'application idemp(B) $\rightarrow$ idemp($\bar{B}$) déduite du morphisme canonique $B \rightarrow \bar{B}$ est injective. Elle est bijective si et seulement si B est décomposée.

Soient e et e' deux idempotents de B congrus modulo mB. Montrons que $x = e - e'$ est nul. On a $x^3 = (e-e')^3 = e^3 - e'^3 - 3e^2e' + 3ee'^2 = e - e' = x$. Donc $x(1-x^2) = 0$. Par ailleurs $x \in mB$ qui est contenu dans le radical de B, donc $1-x^2$ est inversible et par suite $x=0$.

Pour tout $i \in I$, soit $\bar{e}_i$ l'idempotent élémentaire de $\bar{B}$ qui vaut 1 sur le composant local $\bar{B}_{n_i}$ et 0 sur les autres composants locaux de $\bar{B}$. Alors tout idempotent de $\bar{B}$ est produit de certains des $\bar{e}_i$. La dernière assertion de la proposition 4, résulte alors du fait que B_{n_i} est facteur direct de B si et seulement si $\bar{e}_i$ se relève en un idempotent de B.

Proposition 5.- Les conditions suivantes sont équivalentes :

1) L'anneau local A est hensélien.

2) Toute A-algèbre finie et libre est décomposée.

3) Pour tout polynôme unitaire de P de $A[X]$, $A[X]/(P)$ est décomposée.

4) Tout polynôme unitaire P de $A[X]$, dont l'image $\bar{P}$ dans $k[X]$ est décomposée en $\bar{P} = \overline{QR}$, où $\bar{Q}$ et $\bar{R}$ sont deux polynômes unitaires de $k[X]$, premiers entre eux, est de la forme $P = QR$ où Q et R sont des polynômes unitaires de $A[X]$ qui relève respectivement $\bar{Q}$ et $\bar{R}$.

On a évidemment 1)$\Longrightarrow$2)$\Longrightarrow$3). Montrons que 3)$\Longrightarrow$4).

<u>Lemme</u> 1.- Soit C une A-algèbre finie, telle que $\bar{C} = C/mC$ soit isomorphe à $k[X]/\bar{Q}$ où $\bar{Q}$ est un polynôme unitaire de degré n . Soit $\bar{x}$ l'image de X dans $\bar{C}$ et x un relèvement de $\bar{x}$ dans C . Alors x engendre la A-algèbre C et est racine d'un polynôme unitaire Q de $A[X]$ (de degré n) qui relève $\bar{Q}$.

D'après le lemme de Nakayama, les éléments $1, x, \dots, x^{n-1}$ engendrent le A-module de type fini C . Par suite x engendre la A-algèbre C et est racine d'un polynôme unitaire Q de $A[X]$, de degré n . La réduction de Q dans $k[X]$ est un multiple de Q , donc est égale à $\bar{Q}$.

Ceci étant, montrons que 3)$\Longrightarrow$4). Comme $(\bar{Q},\bar{R}) = 1$, le morphisme canonique $\bar{B} = k[X]/(\bar{P}) \to k[X]/(\bar{Q}) \times k[X]/(\bar{R})$ est un isomorphisme. Comme B est décomposée, la décomposition précédente de $\bar{B}$ se relève en une décomposition $B_1 \times B_2$ de B . D'après le lemme 1 l'image de x dans B_1 est racine d'un polynôme unitaire Q de $A[X]$ qui relève $\bar{Q}$ et qui a même degré que $\bar{Q}$; de même l'image de x dans B_2 est racine d'un polynôme unitaire R qui relève $\bar{R}$ et qui a même degré que $\bar{R}$. Alors x est racine du polynôme QR , qui est donc un multiple de P et par suite est égale à P .

4)$\Longrightarrow$3). Soit $\bar{P} = \prod_{i \in I} \bar{P}_i$ la décomposition de $\bar{P}$ en puissance de facteurs unitaires irréductibles premiers entre eux. Par récurrence, on déduit de la propriété 4) que cette décomposition se relève en une décomposition $P = \prod_{i \in I} P_i$ de P en produit de facteurs unitaires. Considérons le morphisme canonique :

$$u : A[X]/(P) \to \prod_{i \in I} A[X]/(P_i) .$$

Comme $\bar{u}$ est surjectif, il résulte du lemme de Nakayama que u est surjectif et comme u est un morphisme entre A-modules libre de même rang, u est même bijectif (noter que le déterminant de u par rapport à des bases est inversible mod m , donc est inversible) ; d'où le fait que $A[X]/(P)$ est décomposée.

3)$\Longrightarrow$1). Soit B une A-algèbre finie. Montrons que B est décomposée. Pour cela montrons qu'un idempotent élémentaire $\bar{e}_i$ de $\bar{B}$, relatif à l'idéal maximal n_i de B , se relève en un idempotent de B (prop.4). Soient b un relèvement quelconque de $\bar{e}_i$ dans B et P un polynôme unitaire de $A[X]$ annulé par b . On a donc un A-homomorphisme $u : A[X]/(P) \to B$ qui envoie l'image x de X sur b . Soit p l'image réciproque de l'idéal premier n_i de B dans $A[X]/(P)$. Vu le choix de $\bar{e}_i$, n_i est le seul idéal premier de B au-dessus de p . D'autre part, d'après 3), $A[X]/(P)$ est décomposée. Soit e l'idempotent élémentaire de $A[X]/(P)$ qui prend la valeur 1 en p . Alors il est clair que $u(e)$ est un idempotent de B qui relève $\bar{e}_i$.

§2. Exemples.

1) Tout corps k est un anneau local hensélien.

En effet, toute k-algèbre finie est décomposée (prop.2).

2) Tout anneau A possédant un seul idéal maximal est hensélien.

En effet, on a alors $A_{red} = A/m = k$. Soit B une A-algèbre finie. Alors B_{red} est une k-algèbre finie, donc est décomposée. Il résulte alors du lemme suivant que B est décomposée :

Lemme 2.- Si I est un nil-idéal d'un anneau R , l'application

$$\mathrm{idemp}(R) \to \mathrm{idemp}(R/I)$$

est bijective.

Cela résulte de Bourbaki, alg. com. chap.2 §4 cor.1 au lemme 2.

Remarque.- Plus généralement, on montre immédiatement qu'un anneau local A est hensélien si et seulement si A_{red} est hensélien.

3) Si A est séparé et complet pour la topologie m-adique, A est hensélien.

En effet, vérifions que toute A-algèbre finie libre B est décomposée (prop.5 2)). Le A-module B est aussi séparé et complet pour la topologie m-adique, donc $B = \varprojlim B/m^nB$. Par ailleurs, il résulte de l'exemple 2) ci-dessus, que, pour tout n , B/m^nB est décomposé, donc est isomorphe au produit $\prod_{i\in I} (B/m^nB)_{n_i} = \prod_{i\in I} B_{n_i}/m^nB_{n_i}$. Par passage à la limite projective, on en déduit que $B = \prod_{i\in I} B_i$ où B_i est l'anneau local $\varprojlim (B/m^nB)_{n_i}$ d'où le fait que B est décomposé.

Exercice : Soit J un idéal de A tel que A/J soit hensélien et A séparé et complet pour la topologie J-adique. Alors A est hensélien.

Nous donnerons aux chapitres VII et VIII des exemples moins triviaux d'anneaux locaux henséliens. Pour l'instant notons quand même que tout anneau local n'est pas hensélien. Ainsi si A est le localisé de $\mathbb{Z}$ en l'idéal premier (p), le polynôme $X(X-1)+p$ de $A[X]$ est décomposé, modulo p, en le produit de deux polynômes premiers entre eux, mais cette décomposition ne se relève pas en une décomposition dans $A[X]$.

§3. Propriété de passage à la limite inductive.

Soit (A_i, φ_{ij}) un système inductif filtrant d'anneaux locaux, les morphismes de transition étant locaux.

Posons $A = \varinjlim A_i$.

Proposition 1.

(1) A est local et les morphismes $A_i \to A$ sont locaux.

(2) Si les A_i sont henséliens, A est hensélien.

Preuve.

1°) Soit m la réunion dans A des $\varphi_{ij}(m_i)$, m_i étant l'idéal maximal de A_i. Le système étant inductif filtrant, il est clair que m est un idéal de A. Soient $x \in A$ et $x \notin m$. Alors x provient d'un élément x_i de A_i, pour i assez grand. Il est clair que x_i n'est pas dans m_i, donc est inversible, d'où x est inversible ; par suite m est le seul idéal maximal de A, donc A est local.

2°) Prouvons l'assertion (2). Soit P un polynôme unitaire de $A[X]$. Les coefficients de P proviennent d'éléments de A_{i_o} pour i_o assez grand. Donc P provient d'un élément P_{i_o} unitaire de $A_{i_o}[X]$. Pour $i \geq i_o$ notons P_i l'image de P_{i_o} dans $A[X]$ et soit $B_i = A_i[X]/(P_i) = B_{i_o} \otimes_{A_{i_o}} A_i$. Posons $B = \varinjlim B_i = A[X]/(P)$. Soit $\bar{P}_i$ l'image de P_i dans $A_i/m_i[X] = k_i[X]$, où k_i est le corps résiduel de A_i. On a $A/m = k = \varinjlim k_i$. Par suite la décomposition de $\bar{P}$ en facteurs irréductibles dans $k[X]$, provient d'une décomposition de $\bar{P}_i$ pour i assez grand. Puisque les A_i sont henséliens, chaque B_i est décomposé, donc B est aussi décomposé.

<u>Proposition</u> 2.- Soient A un anneau local hensélien et B une A-algèbre entière.

(1) L'application $\mathrm{Idemp}(B) \to \mathrm{Idemp}(\bar{B})$ est bijective.

(2) Pour tout idéal maximal η de B, B_η est entier sur A et hensélien.

<u>Preuve</u>.

1°) On considère B comme limite inductive filtrante de ses sous-A-algèbres (B_i) de type fini. (Bourbaki, alg. comm. chap.5 §1 n°1 remarque 3)

$$\bar{B} = \varinjlim \bar{B}_i$$

$$\mathrm{Idemp}(B) = \varinjlim \mathrm{Idemp}(B_i)$$

$$\mathrm{Idemp}(\bar{B}) = \varinjlim \mathrm{Idemp}(\bar{B}_i)$$

(A hensélien) $\Longrightarrow \mathrm{Idemp}(B_i) \xrightarrow{\sim} \mathrm{Idemp}(\bar{B}_i)$ (§1 Prop.5) d'où à la limite $\mathrm{Idemp}(B) \xrightarrow{\sim} \mathrm{Idemp}(\bar{B})$.

2°) Soit η_i l'image réciproque de η dans B_i par le morphisme canonique $B_i \to B$.

On a :
$$B_\eta = \varinjlim (B_i)_{\eta_i} .$$

Or $(B_i)_{\eta_i}$ est fini sur A, comme facteur direct de B_i, donc à la limite B_η est entier sur A .

Pour prouver que B_η est hensélien, il suffit d'après la proposition 1, de montrer que $(B_i)_\eta$ est hensélien pour tout i . Soit C une $(B_i)_\eta$ algèbre finie. Comme $(B_i)_{\eta_i}$ est fini sur A , C est fini sur A , donc est décomposé. C.Q.F.D.

Corollaire : Tout quotient non nul de A est hensélien.

Exercice : (A hensélien) $\Longleftrightarrow$ $\begin{pmatrix} \forall B \text{ fini sur } A \text{ et } \forall \eta \text{ idéal maximal de } B \\ B_\eta \text{ est entier sur } A \end{pmatrix}$

§4. Etude des idempotents d'une algèbre finie.

Considérons un anneau local A et une A-algèbre finie B . Si A n'est pas hensélien, B n'est pas nécessairement décomposée, autrement dit (prop.4), un idempotent de $\overline{B}$ ne se relève pas nécessairement en un idempotent de B . On se propose d'étudier "l'obstruction" à l'existence d'un tel relèvement.

Désignons provisoirement par A un anneau non nécessairement local et soit B une A-algèbre finie libre de base (e_i) , $i = 1,\ldots,r$.

Pour qu'un élément $b = \sum_{i=1}^{r} X_i e_i$ de B soit un idempotent, il faut que $b^2 = b$, ce qui se traduit, compte-tenu de la table de multiplication de la base e_i , par des relations

$$P_j(X_1,\ldots,X_r) = 0 \qquad j = 1,\ldots,r$$

où les P_j sont certains polynômes de $A[X_1,\ldots,X_r]$ de degré $\leqslant 2$.

Soit E la A-algèbre de présentation finie quotient de $A[X_1,\ldots,X_r]$ par l'idéal J engendré par les polynômes $P_1,\ldots,P_r$ et notons x_i l'image de X_i dans E .

Plus généralement soit C une A-algèbre. Alors $e_i \otimes 1$, $i=1,\dots,r$ est une base de $B \otimes_A C$ et le calcul précédent montre en fait qu'un élément $\Sigma\, e_i \otimes c_i$ est un idempotent de $B \otimes_A C$ si et seulement si on a $P_j(c_1,\dots,c_r) = 0$ pour $j=1,\dots,r$. Autrement dit, l'application

(1)
$$\begin{aligned} \mathrm{Hom}_{A\text{-alg.}}(E,C) &\to B \otimes_A C \\ u &\mapsto \Sigma\, e_i \otimes u(x_i) \end{aligned}$$

établit une bijection entre le premier membre et les idempotents de $B \otimes_A C$. En particulier, si l'on prend $C=E$ et u = identité de E, on trouve que $\Sigma\, e_i \otimes x_i = e$ est un idempotent de $B \otimes_A E$ et que l'application (1) ci-dessus fait correspondre au morphisme $u \in \mathrm{Hom}_{A\text{-alg}}(E,C)$, l'idempotent $(1_B \otimes_A u)(e)$ de $B \otimes_A C$.

Ce résultat peut encore se reformuler en termes de foncteurs représentables. Soit $\mathcal{A}$ la catégorie des A-algèbres. Désignons par F le foncteur covariant de $\mathcal{A}$ dans (Ens) défini comme suit :

Pour tout objet C de $\mathcal{A}$, $F(C)$ est l'ensemble des idempotents de $B \otimes_A C$. Pour tout A-morphisme de A-algèbres $f : C \to C'$, $F(f) = 1_B \otimes f$. Alors, les calculs qui précèdent montrent que le foncteur F est <u>représenté par le couple</u> (E,e).

Supposons de nouveau A local et montrons comment l'algèbre E, que l'on vient de construire "mesure l'obstruction" au relèvement des idempotents de $\bar{B}$. Soit donc $\bar{e}'$ un idempotent de $\bar{B}$. Comme (E,e) représente le foncteur F, la donnée de $\bar{e}' \in F(k)$ équivaut à la donnée d'un A-morphisme $\bar{u} : E \to k$. Pour que $\bar{e}'$ se relève en un élément e' de

$F(A)$, il faut et il suffit qu'il existe un A-homomorphisme $u : E \to A$ qui relève u , c'est dire tel que le diagramme :

$$\begin{array}{ccc} E & \xrightarrow{u} & A \\ & {\scriptstyle \bar{u}}\searrow \quad \swarrow & \\ & k & \end{array}$$

soit commutatif.

Soit $q = \operatorname{Ker} \bar{u}$. Comme $\bar{u}$ est un morphisme de A-algèbres et que k est le corps résiduel de A , q est nécessairement un idéal maximal de E au-dessus de m et $k \cong E/q$. Il résulte alors de la propriété universelle des localisés que $\bar{u}$ se factorise de manière unique à travers E_q :

$$\begin{array}{ccc} E & & \\ \downarrow & \searrow^{\bar{u}} & \\ & & k \\ & \nearrow_{\bar{v}} & \\ E_q & & \end{array}$$

Pour les mêmes raisons, l'existence d'une flèche $u : E \to A$ équivaut à l'existence d'une flèche $v : E_q \to A$ telle que le diagramme

$$\begin{array}{ccc} E_q & \xrightarrow{v} & A \\ & {\scriptstyle \bar{v}}\searrow \quad \swarrow & \\ & k & \end{array}$$

soit commutatif.

Puisqu'une telle flèche v n'existe pas toujours, on peut modifier le problème et chercher les morphismes locaux, d'anneaux locaux à extension résiduelle triviale $A \to A'$, tels que si $B' = B \otimes_A A'$ et $\bar{B}' = B'/m'B' - B'$, l'image de $\bar{e}'$ dans $\bar{B}'$ se relève en un idempotent de B'. Il revient au même de chercher les A-morphismes $v' : E_q \to A'$ tels que le diagramme suivant soit commutatif

$$\begin{array}{ccc} E_q & \xrightarrow{v'} & A' \\ & \bar{u}\searrow & \swarrow \\ & & k \end{array}$$

On voit alors qu'il y a une façon "universelle" de résoudre le problème en prenant pour $A \to A'$, le morphisme local $A \to E_q$ composé du morphisme structural $A \to E$ et du morphisme de localisation $E \to E_q$. D'une manière intuitive, on peut dire que "l'écart entre A et E_q " mesure l'obstruction à l'existence d'un relèvement dans B de l'idempotent $\bar{e}'$.

Il y a donc lieu d'étudier l'algèbre E . Nous avons déjà remarqué que E est une A-algèbre de présentation finie. Par ailleurs, comme (E,e) représente le foncteur F , il résulte du §2 lemme 2, que la A-algèbre E possède la propriété remarquable suivante : Pour toute A-algèbre C et tout idéal de carré nul J de C , tout A-morphisme de E dans C/J se relève de manière unique en un morphisme de E dans C .

Dans les chapitres suivants nous allons étudier systématiquement, sous le nom d'algèbres étales, les algèbres qui possèdent les deux propriétés que l'on vient de mettre en évidence pour E . Indépendamment des anneaux henséliens, ces algèbres sont en effet d'une importance considérable en géométrie algébrique. Pour des raisons techniques, nous allons aussi étudier une notion plus faible qui est celle d'algèbre nette.

<u>Définition</u> 2.- On dit qu'une A-algèbre B est <u>étale</u> si :

1) B est une A-algèbre de présentation finie.

2) Pour toute A-algèbre C et pour tout idéal de carré nul J , l'application canonique

$$\mathrm{Hom}_{A\text{-alg}}(B,C) \to \mathrm{Hom}_{A\text{-alg}}(B,C/J)$$

est une <u>bijection</u>.

<u>Définition</u> 3.- On dit qu'une A-algèbre B est <u>formellement nette</u> sur A si pour toute A-algèbre C , et tout idéal J de C , de carré nul, l'application canonique

$$\mathrm{Hom}_{A\text{-alg}}(B,C) \to \mathrm{Hom}_{A\text{-alg}}(B,C/J)$$

est <u>injective</u>.

<u>Définition</u> 4.- On dit qu'une A-algèbre B est <u>nette</u>, si B est formellement nette sur A et si B est de type fini sur A .

(N.B. On notera que cette définition des algèbres nettes diffère de celle de EGA IV 17 où l'on suppose B de présentation finie sur A).

Chapitre II - Formalisme des morphismes nets et étales. Exemples.

Proposition 1.- Soient A un anneau, $f : A \to B$ une A-algèbre, $g : B \to C$ une B-algèbre. Alors si B est formellement nette (resp. nette, resp. étale) sur A et C formellement nette (resp. nette, resp. étale) sur B, C est formellement nette (resp. nette, resp. étale) sur A.

Démonstration : Les propriétés concernant la finitude étant claires on montrera seulement les propriétés formelles.

1) Cas net.

Soient D une A-algèbre, J un idéal de carré nul de D, $\bar{D} = D/J$ et soit $\bar{u} : C \to \bar{D}$ un morphisme de A-algèbres.

Si on a deux relèvements u et v de $\bar{u}$ et si on pose $\bar{u}' = \bar{u}g$, ug et vg relèvent $\bar{u}'$, donc comme B est nette sur A, $ug = vg$. Munissons alors C, D, $\bar{D}$ de leurs structures de B-algèbres au moyen de g, ug (ou vg), $\bar{u}g$. Alors u, v, $\bar{u}$ sont des morphismes de B-algèbres et puisque C est nette sur B, $u = v$, ce qui prouve que C est nette sur A.

2) Cas étale.

Il s'agit cette fois de trouver un relèvement u de $\bar{u}$. Comme B est étale sur A, $\bar{u}'$ se relève en $u' : B \to D$. Munissons D, $\bar{D}$, C de leurs structures de B-algèbres au moyen de u', $\bar{u}'$, g. Alors $\bar{u}$ est un morphisme de B-algèbres ; comme C est étale sur

B , $\bar{u}$ se relève en $u : C \to D$ et donc C est étale sur A .

Proposition 2.- Soient A un anneau, A' et B deux A-algèbres. Alors si B est formellement nette (resp. nette, resp. étale) sur A , $B' = B \otimes_A A'$ est formellement nette (resp. nette, resp. étale) sur A'.

Démonstration : La finitude est triviale, les propriétés formelles résultent de l'isomorphisme

$$\mathrm{Hom}_{A'\text{-alg}}(B \otimes_A A', C) \simeq \mathrm{Hom}_{A\text{-alg}}(B, C_*)$$

C désignant une A'-algèbre et C_* la A-algèbre obtenue par restriction des scalaires de A' à A .

Proposition 3.- Soient A un anneau, B et C deux A-algèbres. Alors si B et C sont formellement nettes (resp. nettes, resp. étales) sur A , $B \otimes_A C$ est formellement nette (resp. nette, resp. étale) sur A .

La démonstration est laissée au lecteur.

Proposition 4.- Soient A un anneau, B une A-algèbre, A' une A-algèbre fidèlement plate sur A et $B' = B \otimes_A A'$. Alors, si B' est formellement nette (resp. nette, resp. étale) sur A', B est formellement nette (resp. nette, resp. étale) sur A .

Démonstration : a) Cas formellement net.

Soient C une A-algèbre, J un idéal de carré nul de C , $\bar{C} = C/J$, $C' = C \otimes_A A'$, $\bar{C}' = \bar{C} \otimes_A A' = C'/J'$. Soient $\bar{u}$ un homomorphisme de A-algèbres de B dans $\bar{C}$, u et v deux relèvements de $\bar{u}$. Par changement de base on obtient $\bar{u}' \in \mathrm{Hom}_{A'\text{-alg}}(B', \bar{C}')$ et deux relèvements u' et v' de $\bar{u}'$. Mais comme B' est formellement nette sur A', $u' = v'$.

Il en résulte que $u=v$ puisque A' est fidèlement plate sur A .

b) Cas net. Descente de la propriété "de type fini". Supposons B' de type fini sur A' et montrons que B est de type fini sur A . Or on a le lemme suivant :

Lemme 1.- Soient A un anneau, A' une A-algèbre fidèlement plate, B une A-algèbre, $B' = B \otimes_A A'$. Alors si B' est de type fini (resp. de présentation finie) sur A', B est de type fini (resp. de présentation finie) sur A .

En effet, B est limite inductive filtrante de ses sous-algèbres de type fini B_i , $i \in I$, donc $B' = \varinjlim B'_i$, où $B'_i = B_i \otimes_A A'$. Comme $B_i \to B$ est injectif et A' plat sur A , $B'_i \to B'$ est injectif. Par conséquent, si B' est de type fini sur A', on a $B'_i = B'$ pour $i \geqslant i_o$. Par fidèle platitude, on en déduit $B = B_i$ pour $i \geqslant i_o$, donc B est de type fini sur A .

Supposons maintenant B' de présentation finie sur A'. Alors, d'après ce qui précède, B est de type fini sur A , donc est quotient d'une A-algèbre de polynômes $A[X_1,\dots,X_n]$ par un idéal I . Par platitude, on en déduit que B' est quotient de $A'[X_1,\dots,X_n]$ par $I' = I\ A' = I \otimes_A A'$. Comme B' est de présentation finie, I' est un idéal de type fini. Considérons I comme limite inductive filtrante de ses sous-idéaux de type fini ; on conclut comme plus haut que I est un idéal de type fini, donc B est une A-algèbre de présentation finie.

c) Cas étale.

D'après le lemme ci-dessus et le cas b), on sait déjà que B est une A-algèbre de présentation finie, nette sur A . Soient alors C une A-algèbre et J un idéal de carré nul de C. On doit montrer que tout A-morphisme $\bar{u} : B \to \bar{C} = C/J$ se relève en un A-morphisme $u : B \to C$. Par changement d'anneau de A à A', on obtient un morphisme $\bar{u}' : B' \to \bar{C}'$, qui se relève en un morphisme $u' : B' \to C'$, puisque B' est étale sur A'. Il reste à montrer que u' "se descend" et d'après le théorème de la descente fidèlement plate, il suffit de voir que les deux images u''_1 et u''_2 de u' par les deux changements de base $A' \overset{i_1}{\underset{i_2}{\rightrightarrows}} A'' = A' \otimes_A A'$, coïncident. Or u''_1 et u''_2 sont deux morphismes de $B'' = B \otimes_A A''$ dans $C'' = C \otimes_A A''$ qui relèvent le morphisme $\bar{u}''$ de B'' dans $\bar{C}'' = \bar{C} \otimes_A A''$. La propriété résulte donc du fait que B'' est nette sur A'' (prop.2).

<u>Proposition</u> 5.- Soient A un anneau, B une A-algèbre, S une partie multiplicative de B.

1) Si B est formellement nette sur A, B_S est formellement nette sur A.

2) Si de plus $S = (f)$ est engendrée par un élément et si B est nette sur A (resp. étale) B_S est nette (resp. étale) sur A.

<u>Démonstration</u> : 1) Soit C une A-algèbre, $\bar{C} = C/J$, et soit $\bar{u} : B_S \to C$ un homomorphisme de A-algèbres. Désignons par i le morphisme canonique $i : B \to B_S$. Alors si $\bar{u}' = \bar{u}i$, ui et vi relèvent $\bar{u}'$ donc, si B est formellement nette, $ui = vi$. Mais comme i est un épimorphisme, $u = v$ ce qui prouve que B_S est formellement nette.

2) Comme B_f est de type fini (resp. de présentation finie) sur A si B possède la même propriété, la proposition est démontrée dans le cas net. Dans le cas étale, il reste à voir (avec les notations déjà utilisées) que si $\bar{u} : B_f \to \bar{C}$ est un A-morphisme, alors $\bar{u}$ se relève en un A-morphisme $u : B_f \to C$. Or comme B est étale sur A, $\bar{u}i$ se relève en un A-morphisme $v : B \to C$. Pour voir que v se factorise à travers B_f, il

suffit de montrer que $v(f)$ est un élément inversible de C, ce qui résulte du lemme suivant

Lemme 2.- Soient C un anneau, I un nilidéal, $\bar{C} = C/I$. Soit $a \in C$, $\bar{a}$ son image dans $\bar{C}$. Alors a est inversible si et seulement si $\bar{a}$ l'est.

Démonstration : Si a est inversible, il est clair que $\bar{a}$ l'est. Réciproquement, si $\bar{a}$ est inversible, il existe b dans C tel que $ab = 1+j$ où $j \in I$ donc est nilpotent. Mais alors $1+j$ est inversible (d'inverse $1-j+j^2+\dots+(-1)^{p-1} j^{p-1}$ si $j^p = 0$) et donc u est inversible.

Proposition 6.- Soient A un anneau, B une A-algèbre et supposons que $\forall q \in \operatorname{Spec} B$, $\exists f \notin q$ tel que B_f soit nette (resp. étale) sur A. Alors B est nette (resp. étale) sur A.

Remarque.- Ceci signifie que la propriété pour $A \to B$ d'être nette (resp. étale) est locale sur $\operatorname{Spec}(B)$.

Démonstration : Rappelons d'abord (EGA I 6.3.3 et EGA IV 1.4.6) que le fait pour une A-algèbre B d'être de type fini (resp. de présentation finie) est local sur $\operatorname{Spec}(B)$. Il reste à étudier les propriétés de relèvement des morphismes. Raisonnons en terme de schémas. Posons $S = \operatorname{Spec}(A)$, $X = \operatorname{Spec}(B)$, $T = \operatorname{Spec}(C)$, $\bar{T} = \operatorname{Spec}(\bar{C})$. Supposons avoir recouvert X par des ouverts affines $X_i = \operatorname{Spec}(B_{f_i})$ tels que B_{f_i} soit nette (resp. étale) sur A. Soient u et $v : T \to X$ deux S-morphismes qui relèvent un S-morphisme $\bar{u} : \bar{T} \to X$. Posons $\bar{T}_i = (\bar{u})^{-1}(X_i)$ qui est un ouvert affine de $\bar{T}$. Comme T et $\bar{T}$ ont même espace sous-jacent, il existe un unique sous-schéma ouvert T_i de T, ayant même espace sous-jacent que $\overline{T}_i$; les schémas T_i sont affines et recouvrent T . Comme X_i est nette sur S , on a $u|T_i = v|T_i$, donc $u = v$.

Supposons maintenant X_i étale sur S et montrons qu'il existe un S-morphisme $u : T \to X$ qui relève $\overline{u}$. Pour tout i , il existe un unique S-morphisme $u_i : T_i \to X_i$ qui relève $\overline{u}_i = \overline{u}|\overline{T}_i$. Posons $T_{ij} = T_i \cap T_j$ qui est un sous-schéma ouvert affine de T . Alors $u_i|T_{ij}$ et $u_j|T_{ij}$ sont deux relèvements de $\overline{u}|\overline{T}_i \cap \overline{T}_j$, donc coïncident puisque, X est net sur S . Donc les u_i définissent par recollement un S-morphisme $u : T \to X$ qui relève $\overline{u}$.

Exemples.

Proposition 7.- Soit $A \xrightarrow{\varphi} B$ un épimorphisme d'anneaux alors, B est formellement net sur A .

Démonstration : Si on a deux relèvements u et v de $\overline{u}$, ce sont des morphismes de A-algèbres de B dans C donc $u\varphi = v\varphi$, mais alors $u = v$ puisque φ est un épimorphisme.

Exemples.- Si S est une partie multiplicative $A \to A_S$ est formellement net (cf. Prop.5). Si I est un idéal de A , $A \to A/I$ est formellement nette.

Corollaire.- Le morphisme $A \to A/I$ est net quelque soit l'idéal I de A .

Proposition 8.- Soient A un anneau, f un polynôme à coefficients dans A , f' son polynôme dérivé $B = A[X]/(f)$, g un polynôme à coefficients dans A . Alors, si l'image dans B_g du polynôme dérivé f' de f est inversible, B_g est une A-algèbre étale.

Remarques : 1) Dans la proposition 8, on peut prendre en particulier pour g l'image de f' dans B . On voit donc que $B_{f'}$ est étale sur A .

2) Gardons les notations de la proposition 8. Supposons f unitaire et l'image de f' dans B_g inversible. Nous dirons alors que B_g est une __A-algèbre étale standard.__ Nous verrons plus loin (chap.V) que toute A-algèbre étale est localement isomorphe à une A-algèbre étale standard.

3) Tout quotient de B_g est net sur A (prop.7) et nous verrons plus loin que toute algèbre nette est localement de cette forme.

__Démonstration__ : Soient C une A-algèbre, $\bar{C} = C/J$ et $\bar{u}$ un homomorphisme de B_g dans $\bar{C}$. Montrons qu'il existe un relèvement unique de $\bar{u}$, $u : B_g \to C$. Soit x l'image de X dans B de sorte que $B = A[x]$. Notons $p : C \to \bar{C}$ le morphisme canonique. On a le diagramme :

$$\begin{array}{ccccc} A[x] = B & \xrightarrow{i} & B_g & & C \\ & & & \searrow^{\bar{u}} & \downarrow p \\ & & & & \bar{C} \end{array}$$

Soit $\bar{c} = \bar{u}i(x)$. Pour relever $\bar{u}$, il faut trouver un élément $\gamma \in C$ tel que $p(\gamma) = \bar{c}$ et $f(\gamma) = 0$. Soit c un relèvement quelconque de $\bar{c}$. Comme $f(x) = 0$, $f(\bar{c}) = 0$ donc $f(c) \in J$. Soit $j \in J$, on a :

$$f(c+j) = f(c) + jf'(c) + P(j)$$

P étant un polynôme de degré ≥ 2. Donc $P(j) = 0$ puisque $J^2 = 0$. Par ailleurs $f'(\bar{c}) = \bar{u}i\, f'(x)$ est inversible dans $\bar{C}$ puisque $i(f'(x))$ est inversible dans B_g. Mais, d'après le lemme 2 (cf. prop.5) $f'(c)$ est alors inversible dans C et par suite, il existe j __unique__ dans C tel que $f(c+j) = 0$. En fait, on a $j = -\frac{f(c)}{f'(c)}$ et $j \in J$ car $f(c) \in J$.

Posons $\gamma = c+j$. Et définissons $v : B \to C$ par $v(x) = \gamma$ on a $pv = \bar{u}i$.

Donc $pv(g(x)) = \bar{u}ig(x)$ est inversible dans $\bar{C}$ et, toujours d'après le lemme 1, il en résulte que $v(g(x))$ est inversible dans C , donc v se factorise par B_g

$$\begin{array}{ccc} B & \xrightarrow{v} & C \\ & {}_{i}\searrow \quad \nearrow_{u} & \\ & B_g & \end{array}$$

et on a $pv = pui = \bar{u}i$. Comme i est un épimorphisme on a $\bar{u} = pu$ et u est bien un relèvement de $\bar{u}$. Il est unique à cause de l'unicité de γ .

Chapitre III - Etude des algèbres nettes.

§1. Dérivations.

Définition 1.- Soient A un anneau, B une A-algèbre, M un B-module, on appelle A-dérivation de B dans M une application :

$$D : B \to M$$

qui soit A-linéaire et qui vérifie :

$$(\forall b \in B)\ (\forall b' \in B) \qquad D(bb') = bD(b') + b'D(b) .$$

L'ensemble des A-dérivations de B dans M que l'on note $\mathrm{Der}_A(B,M)$ est canoniquement muni d'une structure de B-module.

Proposition 1.- Soient A un anneau, B une A-algèbre, C une A-algèbre, J un idéal de C de carré nul, $\bar{C} = C/J$ et soit $\bar{u} : B \to \bar{C}$ un homomorphisme de A-algèbres. Le C-module J est en fait un $\bar{C}$-module, car J est de carré nul ; c'est donc aussi un B-module au moyen de $\bar{u}$; J muni de cette structure sera noté $J_{[\bar{u}]}$.

Alors, si $u : B \to \bar{C}$ est un relèvement de $\bar{u}$ et si D est une A-dérivation de B dans $J_{[\bar{u}]}$, $u+D$ est un homomorphisme de A-algèbres de B dans C et l'application

$$\rho : \mathrm{Der}_A(B, J_{[\bar{u}]}) \to \mathrm{Hom}_{A\text{-alg}}(B,C)$$

définie par $\rho(D) = u+D$ est une bijection de $\mathrm{Der}_A(B,J_{[\bar{u}]})$ sur l'ensemble des relèvements de $\bar{u}$.

Démonstration : Explicitons la structure de B-module de J . Si $b \in B$ et $j \in J$

$$b.j = \bar{u}(b)j = u(b)j \ .$$

Soit alors $v : B \to C$ une application relevant $\bar{u}$ et posons $D = v-u$. Comme u et v relèvent $\bar{u}$, il est clair que D est à valeurs dans J . Montrons que v est un homomorphisme de A-algèbres si et seulement si D est une A-dérivation. On a

$$v(bb') = u(bb') + D(bb') = u(b)u(b') + D(bb')$$

et $v(b)v(b') = [u(b)+D(b)][u(b')+D(b')] = u(b)u(b') + u(b)D(b') + u(b')D(b) + D(b)D(b')$.

Mais $D(b)D(b') = 0$ car J est de carré nul et, d'après la remarque ci-dessus :

$v(b)v(b') = u(b)u(b') + b.D(b') + b'.D(b')$. Ce qui prouve notre assertion.

§2. Dérivations et différentielles.

Reprenons les notations précédentes : B et C sont des A-algèbres, J est un idéal de C de carré nul et soit $\bar{u} : B \to \bar{C} = C/J$ un homomorphisme de A-algèbres.

Dans tout ce paragraphe on se donne un relèvement u fixé de $\bar{u}$.

$$\begin{array}{ccc} B & \xrightarrow{u} & C \\ & \searrow^{\bar{u}} & \downarrow p \\ & & \bar{C} \end{array} \qquad pu = \bar{u}$$

Considérons l'algèbre $B \otimes_A B$ munie des A-morphismes canoniques :

$$\begin{array}{ccccc} B & \searrow^{i_1} & & & \\ & & B \otimes_A B & \xrightarrow{m} & B \\ B & \nearrow_{i_2} & & & \end{array}$$

définis par $i_1(b) \quad = b \otimes 1$

$i_2(b) \quad = 1 \otimes b$

$m(b \otimes b') = bb'$

on a par conséquent $mi_1 = mi_2 = id_B$.

Si on se donne un autre relèvement de $\bar{u}$, soit v

$$v : B \to C$$

on en déduit un homomorphisme de A-algèbres

$$w : B \underset{A}{\otimes} B \to C$$

défini par $$w(b \otimes b') = u(b)v(b')$$

qui vérifie : $$wi_1 = u \quad wi_2 = v .$$

Soit I l'idéal de $B \underset{A}{\otimes} B$ noyau de m . Le diagramme

$$\begin{array}{ccc} B \underset{A}{\otimes} B & \xrightarrow{w} & C \\ m \downarrow & & \downarrow p \\ B & \xrightarrow{\bar{u}} & \bar{C} \end{array}$$

est commutatif car u et v relèvent $\bar{u}$.

On a donc $w(I) \subset J$ et aussi $w(I^2) \subset J^2 = (0)$ donc w se factorise par $B \underset{A}{\otimes} B/I^2$

$$\begin{array}{ccc} B \underset{A}{\otimes} B & \xrightarrow{w} & C \\ q \downarrow & \nearrow w_1 & \\ B \underset{A}{\otimes} B/I^2 & & \end{array}$$

Soit α la restriction de w_1 à I/I^2 . Comme I/I^2 est un $B \underset{A}{\otimes} B$ module annulé par I et que $B \underset{A}{\otimes} B/I \simeq B$, I/I^2 est canoniquement un B-module. Les homomorphismes w et q étant des homomorphismes d'algèbres, sont $B \underset{A}{\otimes} B$-linéaires, et il est clair que α est B-linéaire si on munit J de la structure de B-module déduite de $\bar{u}$. Donc

$$\alpha \in \mathrm{Hom}_B(I/I^2 , J_{[\bar{u}]}) .$$

On a la proposition suivante :

Proposition 2.- Avec les notations précédentes, si on s'est donné un relèvement u de $\bar{u}$, l'application qui à v relèvement de u fait correspondre α, définie comme ci-dessus, est une bijection de l'ensemble des relèvements de $\bar{u}$ sur $\mathrm{Hom}_B(I/I^2, J_{[\bar{u}]})$.

Démonstration : Construisons une application en sens inverse.

Pour ceci, remarquons que la section i_1 de m donne un isomorphisme

$$B \otimes_A B \xrightarrow{\sim} B \oplus I$$

$$x \otimes y \mapsto (xy\ ,\ x \otimes y - xy \otimes 1)$$

cette décomposition étant compatible avec les structures de B-modules définies par i_1. Par passage au quotient par I^2, on en déduit un isomorphisme

$$B \otimes_A B/I^2 \simeq B \oplus I/I^2.$$

Munissons $B \oplus I/I^2$, de la structure d'anneaux déduite de celle de $B \otimes_A B/I^2$. La multiplication est donnée par la formule

$$(b,i)(b',i') = (bb', ib'+i'b)$$

de sorte que I/I^2 est un idéal de carré nul.

Soit alors $\alpha : I/I^2 \to J$ une application B-linéaire.

Définissons $w_1 : B \otimes_A B/I^2 \to C$ par $w_1(h,i) = u(b) + \alpha(i)$. Alors w_1 est A-linéaire ; montrons que w est un morphisme de A-algèbres. On a

$$\begin{aligned} w_1[(b,i)(b',i')] &= w_1(bb', bi'+b'i) = u(bb') + \alpha(bi'+b'i) \\ &= u(b)u(b') + b\alpha(i') + b'\alpha(i) \\ &= u(b)u(b') + u(b)\alpha(i') + u(b')\alpha(i) \end{aligned}$$

en tenant compte de la définition de la structure de B-module sur J . Par ailleurs

$w_1(b,i)w_1(b',i') = [u(b)+\alpha(i)][u(b')+\alpha(i')] = u(b)u(b')+u(b)\alpha(i')+u(b')\alpha(i)+\alpha(i)\alpha(i').$

Mais $\alpha(i)\alpha(i') \in J^2 = (0)$, donc w_1 est un morphisme d'algèbres.

Définissons alors $w = w_1 q$

$$w : B \underset{A}{\otimes} B \to C .$$

Puis $v = wi_2$

$$v : B \to C \quad .$$

Alors, v est un homomorphisme d'algèbres ; montrons que v relève $\bar{u}$. Soit $b \in B$,

$i_2(b) = 1 \otimes b$ qui correspond par l'isomorphisme de $B \underset{A}{\otimes} B$ avec $B \oplus I$ à $(b, 1\otimes b - b\otimes 1)$. Si on note $\overline{1\otimes b - b\otimes 1}$ l'image de $1\otimes b - b\otimes 1$ dans I/I^2 on a :

$$v(b) = u(b) + \alpha(\overline{1\otimes b - b\otimes 1})$$

et comme α est à valeurs dans J , v relève $\bar{u}$, ce qui achève de prouver la proposition 2.

Si nous posons $D(b) = \alpha(\overline{1\otimes b - b\otimes 1})$, on a $v(b) = u(b) + D(b)$ et, d'après la proposition 1 on en conclut que D est une A-dérivation de B dans $J_{[\bar{u}]}$. D'où la proposition 3 ci-dessous :

<u>Proposition</u> 3.- Avec les notations précédentes, l'application

$$\phi : \mathrm{Hom}_B(I/I^2 , J_{[\bar{u}]}) \to \mathrm{Der}_A(B, J_{[\bar{u}]})$$

définie par $\phi(\alpha) = D$, avec

$$D(b) = \alpha(\overline{1\otimes b - b\otimes 1})$$

est une bijection.

En fait, si M est un B-module quelconque on a plus généralement un isomorphisme canonique

$$\mathrm{Hom}_B(I/I^2,M) \xrightarrow{\sim} \mathrm{Der}_A(B,M) .$$

En effet tout module M est de la forme $J_{[\bar{u}]}$, avec $C = B \oplus M$ et la multiplication

$$(b,m)(b',m') = (bb',bm'+b'm)$$

pour laquelle M est un idéal de carré nul.

De plus si on pose $d(b) = \overline{1 \otimes b - b \otimes 1}$, d est une application de B dans I/I^2 et l'isomorphisme ϕ est défini par $\phi(\alpha) = \alpha \circ d$. Dans le cas particulier où $M = I/I^2$, si on prend $\alpha = id_{I/I^2}$ on a $\phi(\alpha) = d \in \mathrm{Der}_A(B,I/I^2)$ ce qui prouve que d est une dérivation. D'où le théorème :

<u>Théorème</u> 1.- Soient A un anneau, B une A-algèbre. Alors, avec les notations précédentes, le couple $(I/I^2,d)$ représente dans la catégorie des B-modules le foncteur

$$M \mapsto \mathrm{Der}_A(B,M) .$$

Le B-module I/I^2 s'appelle module des A-différentielles de B et se note $\Omega_{B/A}$. La dérivation $d : B \to \Omega_{B/A}$ est appelée différentielle et le théorème 1 signifie que pour tout B-module M , l'application

$$\begin{array}{ccc} \mathrm{Hom}_B(\Omega_{B/A},M) & \to & \mathrm{Der}_A(B,M) \\ \alpha & \mapsto & \alpha d \end{array}$$

est un isomorphisme.

<u>Propriétés de</u> $\Omega_{B/A}$.

1) <u>Localisation.</u>

<u>Proposition</u> 4.- Si S est une partie multiplicative de B , on a un morphisme canonique

$$\Omega_{B/A} \otimes_B B_S \to \Omega_{B_S/A}$$

qui est un isomorphisme.

Démonstration : Soient $j : B \to B_S$ le morphisme canonique et M un B_S-module. Notons que l'application

$$\mathrm{Der}_A(B_S,M) \to \mathrm{Der}_A(B,M_{[j]})$$
$$D \to D\circ j$$

est un isomorphisme. En effet, on voit immédiatement que si $D : B \to M_{[j]}$ est une A-dérivation, il existe une unique A-dérivation $\bar{D} : B_S \to M$ telle que $\bar{D} = D\circ j$, donnée par la formule :

$$\bar{D}(b/s) = D(b)/s - bD(s)/s^2 .$$

D'autre part, on a des isomorphismes canoniques, fonctoriels en M :

$$\mathrm{Der}_A(B,M_{[j]}) \simeq \mathrm{Hom}_B(\Omega_{B/A},M_{[j]}) \simeq \mathrm{Hom}_{B_S}(\Omega_{B/A}\otimes_B B_S,M)$$

d'où un isomorphisme canonique $\Omega_{B/A}\otimes_B B_S \to \Omega_{B_S/A}$.

2) Changement de base.

Proposition 5.- Si A' est une A-algèbre, $B' = B \otimes_A A'$ on a un isomorphisme canonique :

$$\Omega_{B/A} \otimes_B B' \simeq \Omega_{B'/A'} .$$

Démonstration : Analogue à celle de la proposition 4.

3) Soient A, B, C trois anneaux, M un C-module et des flèches : $A \xrightarrow{u} B \xrightarrow{v} C$.

Toute B-dérivation de C dans M est à fortiori une A-dérivation donc :

$$\mathrm{Der}_B(C,M) \subset \mathrm{Der}_A(C,M) .$$

De plus, si on a une A-dérivation de C dans M on en déduit par composition avec v une A-dérivation de B dans M .

<u>Proposition</u> 6.- Avec les notations précédentes la suite

$$0 \to \mathrm{Der}_B(C,M) \to \mathrm{Der}_A(C,M) \to \mathrm{Der}_A(B,M)$$

est exacte.

<u>Démonstration</u> : Il suffit de vérifier l'exactitude en $\mathrm{Der}_A(C,M)$ si $D \in \mathrm{Der}_A(C,M)$ et si $D.v = 0$, alors, $\forall b \in B$, $\forall c \in C$ on a

$$D(v(b)c) = c\,Dv(b) + v(b)Dc = v(b)Dc$$

donc D est B-linéaire et $D \in \mathrm{Der}_B(C,M)$.

D'après le théorème 1, ceci signifie que la suite :

$$0 \to \mathrm{Hom}_C(\Omega_{C/B},M) \to \mathrm{Hom}_C(\Omega_{C/A},M) \to \mathrm{Hom}_B(\Omega_{B/A},M)$$

est exacte. Mais, de plus :

$$\mathrm{Hom}_B(\Omega_{B/A},M) \simeq \mathrm{Hom}_C(\Omega_{B/A} \otimes_B C,M) .$$

La suite étant exacte pour tout C-module M , on a une suite exacte canonique de C-modules

$$\Omega_{B/A} \otimes_B C \to \Omega_{C/A} \to \Omega_{C/B} \to 0 .$$

4) <u>Proposition</u> 7.- Soient B une A-algèbre, J un idéal de B , $C = B/J$. On a une suite exacte canonique de C-modules :

$$J/J^2 \to \Omega_{B/A} \otimes_B C \to \Omega_{C/A} \to 0 .$$

<u>Démonstration</u> : Soit M un C-module on a une application $\mathrm{Der}_A(C,M) \to \mathrm{Der}_A(B,M)$ par composition. Cette application est injective car $B \to C$ est surjective.

Soit $D \in \mathrm{Der}_A(B,M)$. La restriction de D à J est A-linéaire et de plus si $j \in J$, $b \in B$ on a

$$D(bj) = b\,DJ + j\,Db$$

et $j\,Db = 0$ car M est un C-module donc est annulé par J. Par conséquent la restriction de D à J est B-linéaire. Enfin $D(jj') = j\,D(j') + j'D(j) = 0$ pour la même raison si j et j' sont dans J.

Donc la restriction de D à J se factorise par J/J^2 en une application C-linéaire, d'où un homomorphisme :

$$\mathrm{Der}_A(B,M) \to \mathrm{Hom}_C(J/J^2,M)\ .$$

La suite

$$0 \to \mathrm{Der}_A(C,M) \to \mathrm{Der}_A(B,M) \to \mathrm{Hom}_C(J/J^2,M)$$

est exacte car une dérivation de B nulle sur J est une dérivation de C. Par le théorème 1 on a la suite exacte fonctorielle en le C-module M

$$0 \to \mathrm{Hom}_C(\Omega_{C/A},M) \to \mathrm{Hom}_B(\Omega_{B/A},M) \to \mathrm{Hom}_C(J/J^2,M)\ .$$

D'où la proposition.

5) <u>Méthode de calcul de</u> $\Omega_{B/A}$.

Nous aurons besoin d'un lemme :

<u>Lemme</u> 1.- Soient A un anneau, B une A-algèbre, $\Omega_{B/A}$ le module des différentielles de B par rapport à A. Alors, si la famille $(b_\lambda)_{\lambda\in\Lambda}$ engendre B comme A-algèbre on a les résultats suivants

1) La famille $(1\otimes b_\lambda - b_\lambda\otimes 1)_{\lambda\in\Lambda}$ engendre I comme idéal de $B \otimes_A B$.

2) La famille $(db_\lambda)_{\lambda\in\Lambda}$ engendre $I/I^2 = \Omega_{B/A}$ comme B-module.

<u>Démonstration</u> : Soient $m : B\otimes_A B \to B$ et $I = \mathrm{Ker}\ m$. La famille $(1\otimes b - b\otimes 1)_{b\in B}$ engendre I comme B module pour la structure définie par i_1. En effet si $t = \Sigma\, x\otimes y$, $t \in I$,

on a : $$\Sigma\, x \otimes y = \Sigma\, (x\otimes 1)(1\otimes y - y\otimes 1) + (\Sigma\, xy)\otimes 1$$

or $m(t) = \Sigma\, xy = 0$ ce qui prouve l'assertion.

Il en résulte que les éléments $(db)_{b\in B}$ avec $db = \overline{1\otimes b - b\otimes 1}$ engendrent I/I^2 comme B-module.

Pour établir (1) il suffit de voir que $(\forall b \in B)$ $1\otimes b - b\otimes 1$ est combinaison linéaire à coefficients dans $B \underset{A}{\otimes} B$ des $(1\otimes b_\lambda - b_\lambda\otimes 1)_{\lambda\in\Lambda}$. Il suffit de le voir pour $b = st$ où $s,t \in \{b_\lambda\}$. Or $1\otimes st - st\otimes 1 = (1\otimes s)(1\otimes t - t\otimes 1) + (t\otimes 1)(1\otimes s - s\otimes 1)$ ce qui prouve (1). L'argument est le même pour (2) car on a :

$$d(st) = sdt + tds\ .$$

La combinaison linéaire étant alors à coefficients dans B.

Remarque.- Il est faux en général que les éléments $(1\otimes b_\lambda - b_\lambda\otimes 1)_{\lambda\in\Lambda}$ engendrent I comme B-module pour la structure définie par i_1 ou i_2.

Proposition 8.- Soient A un anneau, B l'algèbre des polynômes : $B = A[X_\lambda]_{\lambda\in\Lambda}$. Alors $\Omega_{B/A}$ est le B-module libre de base $(dX_\lambda)_{\lambda\in\Lambda}$.

Démonstration : D'après le lemme, les dX_λ engendrent $\Omega_{B/A}$. Pour voir que les $(dX_\lambda)_{\lambda\in\Lambda}$ sont indépendants nous utiliserons un lemme :

Lemme.- Avec les notations précédentes, soient M un B-module et $(m_\lambda)_{\lambda\in\Lambda}$ une famille quelconque d'éléments de M. Alors, il existe une A-dérivation unique $D : B \to M$ telle que

$$(\forall \lambda \in \Lambda) \qquad D(X_\lambda) = m_\lambda\ .$$

En effet on voit aisément que si $P \in B$ on doit avoir

$$D(P) = \sum_{\lambda} \frac{\partial P}{\partial X_\lambda} m_\lambda$$

et que réciproquement cette formule définit une dérivation D telle que $D(X_\lambda) = m_\lambda$. La proposition résulte du lemme en prenant pour M un B-module libre de base $(m_\lambda)_{\lambda \in \Lambda}$.

Calcul de $\Omega_{C/A}$ dans le cas général.

Si C est une A-algèbre quelconque, C s'écrit $C = B/J$ avec $B = A[X_\lambda]_{\lambda \in \Lambda}$, J étant engendré par une famille $(P_\alpha)_{\alpha \in I}$ de polynômes en les X_λ. D'après le §4 on a la suite exacte

$$J/J^2 \xrightarrow{d} \Omega_{B/A} \otimes_B C \to \Omega_{C/A} \to 0 .$$

D'après la proposition précédente $\Omega_{B/A} \otimes_B C$ est le C-module libre de base les $(dX_\lambda)_{\lambda \in \Lambda}$. L'image de J/J^2 dans ce module est le sous-module engendré par les $(dP_\alpha)_{\alpha \in I}$ donc

$$\Omega_{C/A} \simeq \bigoplus_{\lambda \in \Lambda} C\, dX_\lambda/((dP_\alpha)_{\alpha \in I})$$

d'où un procédé de calcul de $\Omega_{C/A}$ pour une A-algèbre C quelconque.

§3. Caractérisation des algèbres formellement nettes.

Théorème 2.- Soient A un anneau, B une A-algèbre. Alors B est formellement nette sur A si et seulement si

$$\Omega_{B/A} = 0 .$$

Démonstration : Soient C une A-algèbre, J un idéal de carré nul de C et $\bar{u} \in \mathrm{Hom}_{A\text{-alg}}(B,\bar{C})$. Si $\Omega_{B/A} = 0$

$$\mathrm{Hom}_B(\Omega_{B/A}, J_{[\bar{u}]}) = \mathrm{Der}_A(B, J_{[\bar{u}]}) = 0$$

donc B est formellement nette sur A d'après la proposition 1.

Réciproquement supposons B formellement nette sur A . Soit $C = B \oplus \Omega_{B/A}$ muni de la multiplication qui fait de $\Omega_{B/A}$ un idéal de carré nul. Soit $\bar{u} : B \to C/\Omega_{B/A} \cong B$ l'identité de B . L'ensemble des relèvements de $\bar{u}$ correspond bijectivement (d'après la proposition 1 et le théorème 1) à

$$\mathrm{Hom}_B(\Omega_{B/A}, \Omega_{B/A}).$$

Le relèvement canonique u de $\bar{u}$

$$u : B \to B \oplus \Omega_{B/A}$$

défini par $u(b) = (b,0)$ est unique donc $\mathrm{Hom}_B(\Omega_{B/A}, \Omega_{B/A}) = 0$ et par conséquent $\Omega_{B/A} = 0$.

§4. Algèbres nettes.

On rappelle que l'on note $m : B \otimes_A B \to B$ le morphisme qui envoie $b \otimes b'$ sur bb'.

Proposition 9.- Soit B une A-algèbre de type fini. Les propositions suivantes sont équivalentes :

(1) B est nette sur A

(1') $\Omega_{B/A} = 0$

(2) le morphisme diagonal

$$\mathrm{Spec}\ m : \mathrm{Spec}\ B \to \mathrm{Spec}\ B \otimes_A B$$

est une immersion ouverte (et fermée).

(3) le $B \otimes_A B$-module B , est facteur direct de $B \otimes_A B$ (pour la structure définie par m).

Démonstration : (1) $\Longrightarrow$ (2).

Soit $\delta = \mathrm{Spec}\ m$, δ est évidemment une immersion fermée. Soit Δ l'image de δ . Si $p \in \mathrm{Spec}\ B \otimes_{A} B$

$$p \in \Delta \Longleftrightarrow p \supset I$$

où I désigne le noyau de m . Montrons que si B est nette sur A on a $I_p = 0$. Comme B est nette sur A , $\Omega_{B/A} = I/I^2 = 0$ donc a fortiori $(I/I^2)_p = I_p/I_p^2 = 0$. Mais $I \subset p$ donc $I_p^2 \subset p\,(B \otimes_A B)_p = \mathrm{rad}(B \otimes_A B)_p$. Comme B est do type fini sur A , I est un idéal de type fini de $B \otimes_A B$ (lemme 1) donc I_p est de type fini sur $(B \otimes_A B)_p$. Mais alors, d'après Nakayama $(I/I^2)_p = 0 \Longrightarrow I_p = 0$. De plus comme I est de type fini sur $B \otimes_A B$, supp I est fermé, donc si $I_p = 0$, $\exists f \in B \otimes_A B - p$ tel que $I_f = 0$. Et par conséquent δ est une immersion ouverte au voisinage de p .

(2) $\Longrightarrow$ (1). Soit p un idéal premier de $B \otimes_A B$ contenant I . Comme δ est une immersion ouverte, il existe f dans $B \otimes_A B - p$ tel que $I_f = 0$, donc a fortiori $I_p = 0$ donc $(I/I^2)_p = 0$. Mais comme ceci vaut pour tout p premier contenant I , on a $I/I^2 = 0$. Enfin, l'équivalence de (2) et (3) est triviale.

Proposition 10.- Soit B une A-algèbre de type fini. Les conditions suivantes sont équivalentes :

(1) B est nette sur A .

(2) $\forall p$, idéal premier de A , $B \otimes_A k(p)$ est nette sur $k(p)$

(N.B. $k(p) = A_p/pA_p$) .

Preuve.

(1) $\Longrightarrow$ (2) est clair (chap.II Prop.2)

(2) $\Longrightarrow$ (1) :

Soit q un idéal premier de B . Il suffit de prouver que $(\Omega_{B/A})_q = 0$. On peut réduire le problème au cas où A est local, quitte à remplacer A par A_p et B par B_p , p étant l'idéal premier de A "au-dessous de q ". L'algèbre B étant de type fini sur A , $\Omega_{B/A}$ est un B-module de type fini (lemme 1), donc $(\Omega_{B/A})_q$ est un B_q-module de type fini. Posons $\bar{B} = B/pB = B \otimes_A k(p)$. On a :

$$(\Omega_{B/A})_q/(p\Omega_{B/A})_q = (\Omega_{B/A}/p\Omega_{B/A})_q = (\Omega_{\bar{B}/k(p)})_q = 0$$

car $\bar{B}$ est nette sur $k(p)$. Il suffit alors d'appliquer le lemme de Nakayama pour avoir $(\Omega_{B/A})_q = 0$. L'étude des algèbres nettes sur un anneau est ainsi ramenée à celle des algèbres nettes sur un corps.

§5. Algèbres nettes sur un corps.

Proposition 11.- Soient k un corps, $\bar{k}$ une clôture algébrique de k , B une k-algèbre de type fini.

Les conditions suivantes sont équivalentes :

(1) B est nette sur k

(2) $\Omega_{B/k} = 0$

(3) $B \simeq \prod_1^r k_i$ où k_i est une extension finie, séparable de k

(4) $\bar{B} = B \otimes_k \bar{k} \simeq \prod_1^s \bar{k}$

(5) B est finie sur k et quelle que soit l'extension de corps $k \to L$, $B \otimes_k L$ est réduit

(6) $B \simeq \prod_{i \in I} k[X]/(f_i)$ avec $\mathrm{card}(I)$ fini, f_i unitaire et $(f_i, f_i') = 1$. De plus, si k est infini, on peut prendre $\mathrm{card}(I) = 1$, i.e. $B \simeq k[X]/(f)$, avec f unitaire et $(f, f') = 1$.

Preuve.

(1) $\Longleftrightarrow$ (2) est mis pour mémoire.

(4) $\Longrightarrow$ (2).

L'extension $k \to \bar{k}$ est fidèlement plate et puisque la formation de $\Omega_{B/A}$ est compatible avec les changements de base, il suffit de montrer que $\Omega_{\bar{B}/\bar{k}} = 0$, ce qui est clair.

(2) $\Longrightarrow$ (4).

a) Cas où B est finie sur k.

On peut supposer que k est algébriquement clos. L'hypothèse que B est finie sur k entraîne que B est artinien, donc se décompose en produit de ses composants locaux. En raisonnant séparément sur un de ces composants locaux, on peut supposer que B est local d'idéal maximal m. On a alors, $B_{red} = B/m = k$ et $(B \otimes_k B)_{red} = k \otimes_k k \simeq k$. Par suite, $B \otimes_k B$ est un anneau local. L'hypothèse que B soit net sur k entraîne que B est un facteur direct de $B \otimes_k B$ (prop.9) donc est égal à $B \otimes_k B$ puisque $B \otimes_k B$ est local. Soit alors n la dimension du k-espace vectoriel B. L'isomorphisme $B \simeq B \otimes_k B$ entraîne que l'on a $n = n^2$, donc $n = 1$ et $B = k$, d'où le résultat dans ce cas.

b) Cas général.

B est de type fini sur k. Rappelons d'abord le résultat classique suivant (cf. Bourbaki Alg. com. chap.V §3 th.3) :

Proposition 12.- Soient A une algèbre de type fini sur un corps k, $\mathfrak{m}$ un idéal maximal de A, alors $A/\mathfrak{m}$ est une extension finie de k.

Ceci étant, soit $\mathfrak{m}$ un idéal maximal de B. Pour tout entier $n > 0$, $B/\mathfrak{m}^n$ possède une suite de composition finie à quotients successifs isomorphes à $B/\mathfrak{m}$, donc (prop.12), $B/\mathfrak{m}^n$ est fini sur k. D'autre part, $B/\mathfrak{m}^n$ est un quotient de B, donc est net sur k

D'après a) ci-dessus, on a pour tout $n > 0$, $B/\mathfrak{m}^n = k = B/\mathfrak{m}B$, donc $\mathfrak{m}^n = \mathfrak{m}$. Mais $B_\mathfrak{m}$ est un anneau local noethérien, donc est séparé pour la topologie $\mathfrak{m}B_\mathfrak{m}$-adique (Bourbaki Alg. com. chap.III §3) et par suite $\mathfrak{m}B_\mathfrak{m} = 0$ et $B_\mathfrak{m} = k$. Il en résulte que $\mathfrak{m}$ est aussi un idéal premier minimal. Ceci étant vrai pour tout idéal maximal $\mathfrak{m}$ de B, on en déduit que B est artinien, puis que $B = \prod_{i=1}^{r} B_\mathfrak{m} = \prod_{i=1}^{r} k$.

(6) $\Longrightarrow$ (4).

Si $B = k[X]/(f)$ avec f unitaire et $(f,f') = 1$, on a $\bar{B} = \bar{k}[X]/(\bar{f})$, avec $(\bar{f},\bar{f}') = 1$. Alors $\bar{f}$ se décompose en facteurs linéaires dans $\bar{k}[X]$, aucun de ces facteurs n'étant multiple.

$$\bar{f} = \Pi(X_i - \lambda_i) \qquad \lambda_i \neq \lambda_j \text{ si } i \neq j$$

d'où $\bar{B} = \Pi\,\bar{k}[X]/(X_i-\lambda_i) \simeq \Pi\,\bar{k}$.

(4) $\Longrightarrow$ (6).

a) <u>Le corps</u> k <u>est fini.</u>

Soit $k = F_q$ corps à éléments. Notons que B est réduit car B est contenu dans $\bar{\bar{B}}$ qui est réduit. Donc B est produit d'un nombre fini de corps k_i extension finie de k . L'implication (4) $\Longrightarrow$ (6) sera alors une conséquence du lemme suivant :

<u>Lemme.</u>- Toute extension finie K de F_q est du type $K[X]/(f)$ où $(f,f') = 1$.

<u>Preuve</u> : cf. Lang Algebra, chap.VII §5 th.10 et corollaire.

b) <u>Le corps</u> k <u>est infini.</u>

On considère B comme k-espace vectoriel. A chaque élément b de B on peut associer l'élément de $\mathrm{End}_k(B)$ défini par la multiplication par b dans B . Soit $P(T,b)$ le polynôme caractéristique correspondant. Il suffit de trouver un élément $b \in B$ tel que $P(T,b)$ ait dans $\bar{k}$ toutes ses racines distinctes. En effet, supposons qu'on ait trouvé un tel élément b : Alors les racines de $P(T,b)$ dans $\bar{k}$ sont les composantes $\bar{b}_1,\ldots,\bar{b}_o$ de b dans $\bar{B} = \prod_1^s \bar{k}$. On a donc $\bar{b}_i \neq \bar{b}_j$ pour $i \neq j$. L'élément b est alors racine de $\prod_1^s (X-\bar{b}_i) = P(T,b)$, mais aucun diviseur strict de $P(T,b)$ n'a b pour racine. Il en résulte que l'application

$$Y : k[X]/P(T,b) \to B$$
$$X \mapsto b$$

est injective et par suite bijective pour des raisons de dimension. Comme on a $(P(T,b),P'(T,b)) = 1$ on peut prendre $P(T,b) = f$.

Il reste à trouver un élément b de B tel que P(T,b) n'ait pas de racines multiples. Soit $e_1 \dots e_n$ une base de B sur k et cherchons b sous la forme indéterminée $\sum_{i=1}^{r} X_i e_i$. Alors, P(T,b) et P'(T,b) sont des polynômes de $k[T,X_1,\dots,X_n]$. Soit R l'élément de $k[X_1,\dots,X_n]$ égal au résultant de P et P'. On est ramené à trouver un élément b de B de coordonnées $b_1,\dots,b_n$ telles que $R(b_1,\dots,b_n) \neq 0$. Comme k est infini, un tel élément existe si et seulement si on a $R \neq 0$. Comme la formation de R commute à l'extension de corps $k \to \bar{k}$, pour voir que R est $\neq 0$, on peut supposer k algébriquement clos. Or dans ce cas, il existe des éléments b convenables, à savoir ceux dont les composantes b_i dans $\bar{B} = \Pi \bar{k}$ sont distinctes. Donc $R \neq 0$.

(4) $\Longleftrightarrow$ (5) exercice pour le lecteur.

<u>Exercices.</u>

1) B algèbre de type fini sur A, $q \in \operatorname{Spec}(B)$ et p idéal de A au-dessous de q. Alors B nette en q équivaut à :

1°) pB_q est l'idéal maximal de B_q

2°) k(q) est finie et séparable sur k(p).

2) Soit k un corps, soit $\bar{k}$ une clôture algébrique de k. Alors $\bar{k}$ est formellement nette sur k.

3) Etudier les algèbres formellement nettes noethériennes, sur un corps de caractéristique 0.

Chapitre IV - Morphismes quasi-finis. Main theorem de Zariski.

On a vu au chapitre III que si une A-algèbre B est nette, les fibres $B \otimes_A k(p)$ sont finies sur les corps résiduels $k(p)$. Dans ce chapitre on va étudier systématiquement de telles algèbres.

Proposition 1.- Soient k un corps, B une k-algèbre de type fini et soit $q \in \operatorname{Spec} B$. Les propositions suivantes sont équivalentes

(1) q est un point isolé de Spec B

(2) B_q est fini sur k.

Démonstration : (1) $\Longrightarrow$ (2).

Supposons que q soit isolé dans Spec B. Ceci signifie qu'il existe $f \in B-q$, tel que $\operatorname{Spec} B_f = \{q\}$. Comme B_f est noethérien et n'a qu'un seul idéal premier, il est artinien et de plus local d'idéal maximal qB_f. Mais B_f/qB_f est un corps qui est une algèbre de type fini sur k donc B_f/qB_f est fini sur k (cf. prop.12 ch.III). L'anneau B_f est un anneau artinien, donc est un B_f-module de longueur finie, et par suite B_f est fini sur k. Enfin $B_q = (B_f)_q$, mais comme B_f est local $B_q = B_f$, ce qui prouve (1) $\Longrightarrow$ (2).

(2) $\Longrightarrow$ (1).

Supposons B_q fini sur k. Considérons la suite exacte

$$0 \to N \to B \to B_q \to Q \to 0 .$$

Il est clair que $N_q = Q_q = 0$. De plus N est un B-module de type fini car B est noethérien et comme B_q est fini sur k, Q est de type fini sur k donc a fortiori sur B. Il en résulte que les supports de M et N sont fermés : donc $\exists f \in B-q$ tel que $N_f = Q_f = 0$. Donc $B_f = B_q$. Mais comme B_q est local et fini sur k (donc artinien) on a $\operatorname{Spec} B_f = \operatorname{Spec} B_q = \{q\}$ ce qui prouve (2) $\Longrightarrow$ (1).

Etudions maintenant le cas d'un anneau de base quelconque.

<u>Proposition</u> 2.- Soient A un anneau, B une A-algèbre de type fini, $q \in \operatorname{Spec} B$, p l'image réciproque de q dans A. Les propositions suivantes sont équivalentes :

(1) q est isolé dans sa fibre, c'est-à-dire dans $\operatorname{Spec} B \otimes_A k(p)$.

(2) B_q/pB_q est fini sur $k(p)$.

<u>Démonstration</u> : Les propriétés étant ponctuelles on peut supposer, quitte à faire le changement de base $A \to A_p$, A local de radical p.

On a alors $B \otimes_A k(p) = B/pB$. Et comme $B_q/pB_q = (B/pB)_q$, il suffit d'appliquer la proposition 1 à la $k(p)$-algèbre B/pB.

<u>Définition</u> 1.- Si les conditions équivalentes de la proposition 2 sont réalisées, on dit que la A-algèbre B de type fini est <u>quasi-finie</u> sur A en q.

On dit que la A-algèbre de type fini B est quasi-finie sur A si elle est quasi-finie sur A en tout point q de $\operatorname{Spec} B$.

<u>Proposition</u> 3.- Soient A un anneau, B une A-algèbre de type fini. Les propositions suivantes sont équivalentes :

(1) B est quasi-finie sur A

(2) $\forall p \in \mathrm{Spec}\, A$ la fibre $B \otimes_A k(p)$ est finie sur $k(p)$.

Remarque.- Il résulte de la proposition 3 que si B est net sur A , B est quasi-fini sur A .

Démonstration : On se ramène au cas où A est un corps k .

(2) $\Longrightarrow$ (1) car si B est fini sur k , B est artinien et semi-local donc $B = \prod_q B_q$ donc B_q est fini sur k et q est isolé dans $\mathrm{Spec}\, B$.

(1) $\Longrightarrow$ (2) Si tous les points de $\mathrm{Spec}\, B$ sont isolés, on a $\mathrm{Spec}\, B = \coprod_f \mathrm{Spec}\, B_f$ où $\mathrm{Spec}\, B_f = \{q\}$. Mais $\mathrm{Spec}\, B$ est quasi-compact donc cette somme est finie et $B = \prod_f B_f$.
Comme $B_f = B_q$ est fini sur k (prop.1), B est fini sur k .

Exemples d'algèbres quasi-finies.

1) On a vu que les algèbres nettes étaient quasi-finies.

2) Si B est finie sur A , B est quasi-finie sur A .

3) Si B est finie sur A et si $f \in B$, alors B_f est quasi-finie sur A . En effet, la propriété se voit sur les fibres et si B est fini sur k , B_f l'est aussi (c'est un facteur direct de B).

4) Plus généralement si C est une A-algèbre finie et si B est une C-algèbre telle que $\mathrm{Spec}\, B \to \mathrm{Spec}\, C$ soit une immersion ouverte, alors B est quasi-fini sur A .

En fait nous allons voir que toute A-algèbre quasi-finie est de cette forme : c'est le Main Theorem de Zariski.

Théorème 1 (Main theorem).- Soient A un anneau, B une A-algèbre de type fini, A' la fermeture intégrale de A dans B et $q \in \mathrm{Spec}\, B$.

Alors si B est quasi-fini sur A en q, il existe $f \in A'$, $f \notin q$ tel que $A'_f \xrightarrow{\sim} B_f$. (Ceci signifie que au voisinage de $\{q\}$, B est isomorphe à un ouvert d'une algèbre entière sur A).

Donnons d'abord quelques corollaires.

Corollaire 1.- Soient A un anneau, B une A-algèbre de type fini, l'ensemble des points de Spec B où B est quasi-fini sur A est un ouvert de Spec(B).

Démonstration : Soit $q \in \operatorname{Spec} B$. Si B est quasi-fini en q, $\exists f \in A'-q$ tel que $A'_f \xrightarrow{\sim} B_f$. Ecrivons A' comme limite inductive de ses sous-A-algèbres de type fini (donc finies puisque A' est entier sur A) qui contiennent f.

$$A' = \varinjlim A'_\alpha .$$

On a alors $A'_f = \varinjlim (A'_\alpha)_f = B_f$.

Mais B_f est de type fini sur A donc l'égalité est déjà vraie pour α assez grand

$$B_f = (A'_\alpha)_f .$$

Mais comme A'_α est fini sur A, B_f est quasi-fini sur A, donc l'ensemble des points où B est quasi-fini est ouvert.

Corollaire 2.- Soient A un anneau, B une A-algèbre de type fini et quasi-finie et soit A' la fermeture intégrale de A dans B.

Alors 1) Spec $B \to$ Spec A' est une immersion ouverte

2) il existe une sous-A-algèbre A'_1 de A', finie sur A, telle que Spec $B \to$ Spec A'_1 soit une immersion ouverte.

<u>Remarque</u>.- C'est le résultat annoncé : toute A-algèbre quasi-finie "se réalise comme un ouvert" d'une A-algèbre finie.

<u>Démonstration</u> : 1) Comme B est quasi-fini sur A , on peut appliquer le théorème 1 en tout point de Spec(B). Mais Spec(B) est quasi-compact, de sorte que l'on peut recouvrir Spec(B) par des ouverts Spec B_{f_i} en nombre fini, avec $f_i \in A'$ et $B_{f_i} \simeq A'_{f_i}$. Il en résulte bien que le morphisme Spec(B) $\to$ Spec(A') est une immersion ouverte.

2) Comme les f_i sont en nombre fini, le raisonnement utilisé dans la démonstration du corollaire 1 montre qu'il existe une sous-algèbre A'_α de A', finie sur A , qui contient les f_i et telle que $B_{f_i} \simeq (A'_\alpha)_{f_i}$ pour tout i . Donc le morphisme Spec(B) $\to$ Spec(A'_α) est déjà une immersion ouverte.

<u>Démonstration du théorème</u> 1 (D'après Peskine, Bul. Sciences Maths. t.90, 1966, p. 119-127).

Le théorème résulte de la proposition suivante.

<u>Proposition</u> 4.- Soient $A \subset C \subset B$ trois anneaux. On suppose C de type fini sur A , B fini sur C et A intégralement fermé dans B . Soient q un idéal premier de B et $p = q \cap A$, si B est quasi-fini sur A en q , on a $B_p = A_p$.

Montrons comment le théorème résulte de cette proposition. Pour ceci, établissons le lemme :

<u>Lemme</u> 0.- Soient $A \to C \to B$ trois anneaux, on suppose $A \to B$ de type fini. Alors si B est quasi-fini sur A en q ($q \in$ Spec B) , B est quasi-fini sur C en q .

En effet, si $q \in$ Spec B , la fibre de q par rapport à C est un sous-espace de la fibre de q par rapport à A , donc si q est isolé relativement à A , il l'est a fortiori relativement à C .

Ce lemme étant acquis, appliquons la proposition 4 à la situation du théorème avec $A = A'$, $B = C$. Alors B est quasi-fini sur A' en q d'après le lemme 0 et donc si on note $p' = q \cap A'$ on a $B_{p'} = A'_{p'}$. Si $b_1, \dots, b_n$ sont des générateurs de la A'-algèbre B il existe $f \in A' - p'$ tel que les images des b_i dans $B_{p'}$, qui sont donc dans l'image de $A'_{p'}$, soient en fait dans l'image de A'_f . L'application $A'_f \to B_f$ est donc surjective et par suite bijective puisque $A' \subset B$ et le théorème est démontré.

Démonstration de la proposition 4 : Nous allons établir quatre lemmes.

Lemme 1.- La proposition est vraie si $B = C = A[x]$ est une A-algèbre monogène.

Démonstration du lemme 1.

a) Par le changement d'anneaux $A \to A_p$ on se ramène au cas où A est local de radical p : En effet $A \to A_p$ ne modifie pas la fibre en p (donc B_p est quasi-fini sur A_p en q) et A_p est intégralement fermé dans B_p .

b) On note alors $k = A/p$.

Il faut voir que $B = A[x] = A$. Puisque A est intégralement fermé dans B il suffit de montrer que x est entier sur A . Considérons la k-algèbre monogène $k[\bar{x}] = A[x] \otimes_A k = B/pB$. Alors $\operatorname{Spec} k[\bar{x}]$ est la fibre de p donc q est isolé dans $\operatorname{Spec} k[\bar{x}]$. Par conséquent, $\bar{x}$ est nécessairement algébrique sur k . En effet, si $\bar{x}$ était transcendant, $k[\bar{x}]$ serait une algèbre de polynômes et son spectre n'aurait pas de points isolés. La fibre $k[\bar{x}]$ est donc finie sur k .

c) D'après (b), il existe un polynôme unitaire

$$\begin{cases} F \in A[X] \quad \text{tel que} \quad \bar{F}(\bar{x}) = 0 \quad \text{dans} \quad k[\bar{x}] \\ d^{o}F \geqslant 1 \end{cases}$$

On a alors $F(x) \in pB$.

Posons alors $$y = 1 + F(x) .$$

On a $$A \subset A[y] \subset A[x] = B$$

et $A[x]$ est évidemment entier sur $A[y]$. Soit $\bar{y}$ l'image de y dans $k[\bar{y}] = A[y] \otimes_A k$.

L'image de $\bar{y}$ dans $k[\bar{x}]$ est égale à 1 puisque $\bar{F}(\bar{x}) = 0$. L'application

Spec $A[x] \to$ Spec $A[y]$ est surjective d'après le Going down de Cohen Seidenberg et donc, comme la fibre de Spec $A[x]$ au-dessus de k est finie, la fibre Spec $k[\bar{y}]$ au-dessus de k est a fortiori finie. Donc $k[\bar{y}]$ est fini sur k .

Dans $k[\bar{y}]$, $\bar{y}$ n'appartient à aucun idéal premier sinon son image dans $k[\bar{x}]$ qui vaut 1 ne serait pas inversible. Donc $\bar{y}$ est inversible dans $k[\bar{y}]$.

d) Montrons que y est entier sur A .

Comme $\bar{y}$ est entier sur k et inversible, $\bar{y}$ vérifie une équation de la forme

$$\bar{y}^n + \bar{a}_{n-1}\, \bar{y}^{n-1} + \ldots + \bar{a}_o = 0 \quad (n \geqslant 1 \ , \ \bar{a}_i \in k \ , \ \bar{a}_o \neq 0) .$$

Donc $y^n + a_{n-1}\, y^{n-1} + \ldots + a_o \in p\, A[y]$, ce qui s'écrit

$$y^n + a_{n-1}\, y^{n-1} + \ldots + a_o = p_m\, y^m + \ldots + p_1 y + p_o \qquad p_i \in p$$

quitte à rajouter des zéros on peut supposer $m = n$ et on a :

$$(a_o - p_o) + (a_1 - p_1) y + \ldots + (a_m - p_m) y^m = 0 .$$

Mais comme $a_o \notin p$, on a $a_o - p_o \notin p$ donc $a_o - p_o$ est inversible dans l'anneau local A . Il s'ensuit que y est inversible dans $A[y]$ et donc que y^{-1} est entier sur A . Donc $y^{-1} \in A$ puisque A est intégralement fermé dans B . Mais comme y^{-1} est inversible dans B , $y^{-1} \notin q$ donc $y^{-1} \notin p = q \cap A$, donc y^{-1} est inversible dans A et $y \in A$.

On a alors : $A = A[y] \subset A[x] = B$. Comme x est entier sur $A[y]$, $A = B$. cqfd.

Lemme 2.- Soit B un anneau intègre contenant l'anneau des polynômes $A[T]$ et supposons B entier sur $A[T]$. Soit q un idéal premier de B . Alors B n'est pas quasi-fini sur A en q .

Démonstration du lemme 2.

Soit q un idéal premier de B et $p = q \cap A$.

Supposons q maximal parmi les idéaux premiers au-dessus de p et montrons qu'il n'est pas minimal, ce qui prouvera que q n'est pas isolé dans sa fibre, donc que B n'est pas quasi-fini sur A .

a) Supposons d'abord A intégralement clos et soit $r = q \cap A[T]$. Comme B est entier sur $A[T]$, r est maximal parmi les idéaux premiers de $A[T]$ au-dessus de p (going down). Soit $\bar{r}$ l'image réciproque de r dans $k(p)[T]$, $\bar{r}$ est un idéal maximal donc $\bar{r} \neq (0)$. Donc r contient strictement l'idéal premier $p\,A[T]$. Comme A est intégralement clos, $A[T]$ l'est aussi. D'après le going up, on voit que q contient strictement un idéal premier relevant $p\,A[T]$ donc que q n'est pas minimal au-dessus de p .

b) Cas général. Soient A' la clôture intégrale de A , B' celle de B . Alors B' est entier sur $A'[T]$. Soit q' un idéal premier de B' relevant q et $p' = q' \cap A'$.

Comme q est maximal au-dessus de p, q' est maximal au-dessus de p'. Or, d'après (a) q' n'est pas minimal donc q n'est pas minimal. cqfd.

Lemme 3.- Soient $A \subset A[x] \subset B$ trois anneaux tels que B soit entier sur $A[x]$ et A intégralement fermé dans B. Supposons qu'il existe un polynôme unitaire $F \in A[X]$ tel que l'on ait $F(x)B \subset A[x]$ (i.e. $F(x)$ est un élément du conducteur de $A[x]$ dans B). Alors $A[x] = B$.

Démonstration du lemme 3.

Soit $b \in B$ et montrons que $b \in A[x]$. On a $F(x)b \in A[x]$, donc il existe un polynôme G de $A[X]$ tel que $F(x)b = G(x)$.

Comme F est unitaire on peut diviser G par F :

$$G = QF + R \quad \text{avec} \quad d^oR < d^oF$$

et on a

$$G(x) = F(x)b = Q(x)F(x) + R(x) .$$

En posant $y = b-Q(x)$ on a encore :

$$y\, F(x) = R(x) .$$

Montrons que $y \in A$ ce qui prouvera bien que $b \in A[x]$.

Soit $\bar{B} = B_y$ et notons $\bar{A}, \bar{y}, \bar{x}$, les images de A, y, x dans $\bar{B}$. On a $\bar{y}\,\bar{F}(\bar{x}) = \bar{R}(\bar{x})$ donc $\bar{F}(\bar{x}) = (\bar{y})^{-1}\,\bar{R}(\bar{x})$ comme $d^oR < d^oF$, $\bar{x}$ est entier sur $\bar{A}[(\bar{y})^{-1}]$. Mais $y \in B$ donc y est entier sur $A[x]$, donc $\bar{y}$ est entier sur $\bar{A}[\bar{x}]$, donc $\bar{y}$ est entier sur $\bar{A}[\overline{y^{-1}}]$. On en déduit (par multiplication par un dénominateur commun) que $\bar{y}$ est entier sur $\bar{A}$. Il existe donc $\bar{H} \in \bar{A}[X]$ unitaire tel que $\bar{H}(\bar{y}) = 0$. Soit $H \in A[X]$, unitaire et relevant $\bar{H}$. L'image de $H(y)$ est nulle dans B_y donc $\exists\, n \in N$, $y^nH(y) = 0$

donc y est entier sur A et comme A est intégralement fermé dans B, $y \in A$.

Lemme 4.- Soient $A \subset A[x] \subset B$ trois anneaux tels que B soit fini sur $A[x]$ et A intégralement fermé dans B. Soient q un idéal premier de B et $p = q \cap A$. Si B est quasi-fini sur A en q on a $A_p = B_p$.

Démonstration du lemme 4.

Notons f le conducteur de $A[x]$ dans B

$$f = \{\alpha, \alpha' \in A[x] \text{ tels que } \alpha B \subset A[x]\}.$$

Distinguons deux cas.

1er cas : $f \not\subset q$. Si on note $r = A[x] \cap q$ on a alors $A[x]_r = B_r$ d'où a fortiori $A[x]_r = B_q$. Comme $p = r \cap A = q \cap A$, $A[x]$ est quasi-fini sur A en r et donc d'après le lemme 1, $A[x]_p = A_p$. Mais B est fini sur $A[x]$, donc B_p est fini sur $A[x]_p = A_p$; comme A est intégralement fermé dans B, A_p est intégralement fermé dans B_p donc $A_p = B_p$.

2ème cas : $f \subset q$. Soit alors n un idéal premier de B contenu dans q et minimal parmi ceux contenant f. Soit $m = n \cap A$.

a) Montrons que l'image de x dans $k(n)$ est transcendante sur $k(m)$. Nous aurons besoin d'un lemme :

Lemme 4bis.- Soient $A \subset C \subset B$ trois anneaux tels que B soit fini sur C et soit p un idéal premier de A. Si on note f le conducteur de C dans B et f' le conducteur de C_p dans B_p, on a $f' = f_p$.

Démonstration laissée au lecteur.

Quitte à faire le changement d'anneaux $A \to A_m$ nous pouvons donc supposer, pour établir a), que A est local de radical m. Supposons que l'image de x dans $k(n)$ soit algébrique sur $k(m)$. Alors $A/m \to A[x]/n \cap A[x]$ est entier et injectif donc $n \cap A[x]$ est maximal dans $A[x]$ et d'après le going down n est maximal dans B, par suite $k(n) = B/n$. Il existe donc $F \in A[X]$, unitaire tel que $F(x) \in n$. Mais n est minimal parmi les idéaux premiers de B contenant f, donc dans B_n, nB_n est le seul idéal premier contenant f_n donc nB_n est la racine de f_n. Par suite si $\overline{F(x)}$ est l'image de $F(x)$ dans B_n, il existe $r \in \mathbb{N}$, $r > 0$ tel que $(F(x))^r \in f_n$ donc il existe $y \in B-n$ tel que $y\,F(x)^r \in f$.

On a donc $y\,F(x)^r B \subset A[x]$.

Appliquons le lemme 3 avec $A \subset A[x] \subset B'$, $B' = A[x][yB]$ et $F' = F^r$.

On en déduit $B' = A[x]$ donc $yB \subset A[x]$, donc $y \in f$ donc $y \in n$ ce qui contredit la définition de y.

b) Posons $\bar{A} = A/m$, $\bar{B} = B/n$. $\bar{B}$ est intègre et contient $\bar{A}$. De plus l'image $\bar{x}$ de x dans $\bar{B}$ est transcendante sur $\bar{A}$ d'après (a) donc $\bar{A}[X] \subset \bar{B}$. Soit $\bar{q}$ l'image de q dans $\bar{B}$, comme B est quasi-fini sur A en q, $\bar{B}$ est quasi-fini sur $\bar{A}$ en $\bar{q}$ ce qui contredit le lemme 2.

<u>Démonstration de la proposition.</u>

On procède par récurrence sur le nombre n de générateurs de la A-algèbre C.

Si $n = 0$, B est entier sur A donc $B = A$.

Soit $n > 0$ et supposons la proposition démontrée lorsque C est engendrée par $n-1$ éléments.

On a $C = A[x_1,\dots,x_n]$. Soit A' la clôture intégrale de $A[x_1,\dots,x_{n-1}]$ dans B .

On a $A' \subset A'[x_n] \subset B$.

B est fini sur $A'[x_n]$ et, comme b est quasi-fini sur A en q , B est quasi-fini sur A' en q (lemme 0). On peut donc appliquer le lemme 4 :

Si $p' = A' \cap q$ on a $A'_{p'} = B_{p'}$.

Comme A' est entier sur $A[x_1,\dots,x_{n-1}] = R$, A' est limite inductive de ses sous-algèbres finies.

$$A' = \varinjlim A'_i \qquad A'_i \text{ finie sur } R .$$

Soit $p'_i = q \cap A'_i = p' \cap A'_i$.

Comme B est de type fini sur R , le morphisme canonique

$$(A'_i)_{p'_i} \to B_{p'_i}$$

est un isomorphisme pour i assez grand. Soit i un tel indice. On a a fortiori

$$(A'_i)_{p'_i} \simeq B_q$$

donc A'_i est quasi fini sur A en p'_i . En appliquant l'hypothèse de récurrence à A, R, A'_i on en déduit que

$$A_p \simeq (A'_i)_p \simeq (A'_i)_{p'_i}$$

et par suite $A_p \simeq B_p$ ce qui achève la démonstration du Main theorem.

Chapitre V - Structure locale des algèbres nettes et étales. Critère Jacobien.

§1. Définition 1.- Soient B une A-algèbre et q un idéal premier de B. Nous dirons que B est nette (resp. étale) sur A au voisinage de q s'il existe $f \in B-q$ tel que B_f soit nette (resp. étale) sur A.

Théorème 1.- Soient B une A-algèbre et q un idéal premier de B au-dessus d'un idéal premier p de A.

1. Les conditions suivantes sont équivalentes :

a) B est étale sur A au voisinage de q.

b) $\exists f \in B-q$ et $h \in A-p$ tels que B_f soit A-isomorphe à une A_h-algèbre étale standard $C = (A_h[X]/P)_g$ (chap. II prop. 8 remarque 2).

2. Les conditions suivantes sont équivalentes :

a) B est nette sur A au voisinage de q.

b) $\exists f \in B-q$, $h \in A-p$, et il existe une A_h-algèbre étale standard C (loc. cit.) et un A-morphisme surjectif $u : C \to B_f$.

Dans b), on peut de plus supposer que le morphisme

$$u \otimes_A k(p) : C \otimes_A k(p) \to B_f \otimes_A k(p)$$

est un isomorphisme.

Autrement dit, localement sur $\mathrm{Spec}(B)$ et $\mathrm{Spec}(A)$, une A-algèbre étale B est du type standard et une A-algèbre nette B est quotient d'une A-algèbre étale standard.

Notons tout de suite les corollaires suivants :

Corollaire 1.- Soit B une A-algèbre nette. Alors localement sur Spec(B) et Spec(A), B est quotient d'une A-algèbre étale.

Corollaire 2.- Si B est étale sur A, alors B est plat sur A. En effet il est clair qu'une A-algèbre étale standard est plate sur A.

Démonstration du théorème 1.

b) $\Longrightarrow$ a) résulte du fait que " B nette sur A " (resp. étale) est une propriété de caractère local sur Spec(B) et Spec(A) (chap.II prop.5) et du fait que le quotient d'une A-algèbre étale est une A-algèbre nette (chap.II prop.8).

a) $\Longrightarrow$ b).

(i) Réduction au cas où A est local d'idéal maximal p. Etudions le cas étale, le cas net se traitant de même. L'algèbre B_p est étale sur A_p au voisinage de $q B_p$. Supposons avoir trouvé $f \in B_p - q$ tel que $(B_p)_f$ soit A_p-isomorphe à une A_p-algèbre étale standard C. Quitte à remplacer A_p par A_h, pour un élément h convenable de A-p, on peut supposer que f provient d'un élément de B_h, noté encore f, tel que B_f soit étale sur A_h ; on peut également supposer que C provient d'une A_h-algèbre étale standard notée encore C. Comme C et B_f sont de présentation finie sur A_h, on peut supposer que l'isomorphisme qui nous est donné au-dessus de A_p provient d'un isomorphisme au-dessus de A_h.

Nous allons maintenant prouver a) $\Longrightarrow$ b) dans le cas net.

(ii) Réduction au cas où B est fini sur A. Comme B est net sur A au voisinage de q, on peut supposer B net sur A donc quasi-fini. D'après le Main theorem (chap.IV cor.2 au th.1), il existe alors une sous-A-algèbre B' de B, finie sur A et $f' \in B'$, $f' \notin B-q$, tel que $B_{f'} \rightleftarrows B'_{f'}$. Quitte alors à remplacer B par B', on peut supposer B finie sur A et B nette sur A au voisinage de q.

(iii) Réduction au cas monogène. Notons k le corps résiduel de A, $\bar{B} = B \otimes_A k$ et $\bar{q}$ l'image de q dans $\bar{B}$. Comme B est nette sur A en q, $\bar{B}_{\bar{q}}$ est un corps $k(q)$ extension finie séparable de k (chap.III prop.11) et par suite est une k-algèbre finie monogène (loc. cit.). On peut alors trouver un élément $\bar{x}$ de la k-algèbre finie $\bar{B}$ qui est nul dans les composants locaux autres que $\bar{B}_{\bar{q}}$ et dont l'image dans $\bar{B}_{\bar{q}}$ est un générateur non nul de cette k-algèbre. Soient x un relèvement de $\bar{x}$ dans B, $C = A[x] \subset B$ et $r = q \cap C$.

Lemme.- Le morphisme canonique $C_r \to B_q$ est un isomorphisme.

Comme B est fini sur A, B est fini sur C et B_r est fini sur C_r. Vu le choix de x, q est l'unique idéal maximal de B au-dessus de r et par suite l'anneau semi-local B_r est égal à B_q. Par suite B_q est fini sur C_r. D'autre part, il résulte du choix de x que la flèche $C_r \otimes_A k \to B_q \otimes_A k = k(q)$ est surjective. Donc d'après Nakayama, $C_r \to B_q$ est surjectif. D'autre part $C \to B$ est injectif, il en est donc de même de $C_r \to B_r = B_q$.

Ceci étant, comme B et C sont finies sur A, on déduit du lemme qu'il existe $f \in C-r$ tel que $B_f \rightleftarrows C_f$. On peut alors remplacer B par C, donc supposer B finie, monogène, engendrée par x .

(iv) Fin de la démonstration dans le cas net. Soit r le rang de la k-algèbre finie $\bar{B}$. Il résulte alors du lemme de Nakayama que $1,x,\ldots,x^{r-1}$ engendrent le A-module B , donc x est racine d'un polynôme unitaire P de degré r , $B = A[x]$ est quotient de $A[X]/P$ et le morphisme $k[X]/\bar{P} \to \bar{B}$ est un isomorphisme. Soit q' l'image réciproque de q dans $A[X]/P$. Comme B est nette sur A en q et que la propriété d'être nette se voit sur les fibres (chap.III prop.10) $A[X]/P$ est nette sur A en q' et par suite l'image de la dérivée P' de P est inversible en q'. Il existe donc $g \in (A[X]/p) - q'$ tel que $C = (A[X]/P)_g$ soit étale standard, d'où le théorème dans le cas net.

(v) Démonstration de a) $\Longrightarrow$ b) dans le cas étale. On suppose désormais B étale sur A . A fortiori B est nette sur A . D'après ce qui précède, on voit que quitte à localiser B , on peut supposer qu'il existe une A-algèbre étale standard C et un morphisme surjectif $u : C \to B$ tel que $\bar{u} : \bar{C} \to \bar{B}$ soit un isomorphisme. Soit $I = \mathrm{Ker}(u)$ et r l'image réciproque de q dans C . Il nous faut montrer que I est nul au voisinage de r . Or, comme B et C sont de présentation finie sur A , I est un idéal de C , de type fini. Il nous suffit donc de prouver que $I_r = 0$ et par Nakayama, il nous suffit même de montrer que $I_r/I_r^2 = (I/I^2)_r = 0$. Or on a la suite exacte

$$(*) \qquad 0 \to I/I^2 \to C/I^2 \to B \to 0 \, .$$

Comme I/I^2 est un idéal de carré nul de C/I^2 et que B est étale sur A , il résulte de la propriété de relèvement que l'isomorphisme

$$B \simeq C/I^2 / I/I^2 \simeq C/I$$

se relève en un A-morphisme $B \to C/I^2$. Autrement dit la suite exacte (*) de A-modules, est scindée. Elle reste donc exacte par tensorisation par k

$$0 \to (I/I^2) \otimes_A k \to C/I^2 \otimes_A k \to \bar{B} \to 0 .$$

Or par construction $\bar{C} \to \bar{B}$ est un isomorphisme, a fortiori, il en est de même de $C/I^2 \otimes_A k \to \bar{B}$, donc $(I/I^2) \otimes_A k = 0$. Par Nakayama, on en déduit que $(I/I^2)_r = 0$.

Exercice : Soit A un anneau limite inductive filtrante d'anneaux $A_{i, i \in I}$. Soient $i \in I$ et B_i une A_i-algèbre de présentation finie. Pour $j \geqslant i$, posons $B_j = B_i \otimes_{A_i} A_j$ et soit $B = B_i \otimes_{A_i} A$. Alors, si B est étale sur A , B_j est étale sur A_j pour j assez grand. Soit C une A-algèbre étale. Alors, pour i assez grand, il existe une A_i-algèbre étale C_i telle que $C_i \otimes_{A_i} A$ soit A-isomorphe à C .

On a la réciproque partielle suivante au corollaire 2.

Théorème 2.- Soient B une A-algèbre de présentation finie et q un idéal premier de B . Les conditions suivantes sont équivalentes

1) B est étale sur A au voisinage de q .

2) $(\Omega_{B/A})_q = 0$ et B_q est plat sur A .

Remarque.- On notera que la condition 2) du théorème 2 porte uniquement sur l'anneau local B_q .

Notons tout de suite les corollaires suivants

Corollaire 1.- Soit B une A-algèbre de présentation finie alors B est étale sur A si et seulement si B est nette sur A et plate sur A .

<u>Corollaire</u> 2.- Soient A un anneau noethérien et B une A-algèbre. Alors B étale sur A $\Longleftrightarrow$ B nette sur A + B plat sur A .

<u>Démonstration du théorème</u> 2 : L'implication 1) $\Longrightarrow$ 2) est claire. Pour établir 2) $\Longrightarrow$ 1), on se ramène d'abord, comme dans la démonstration du théorème 1, au cas où A est local d'idéal maximal p au-dessous de q . Comme B est de type fini sur A , $\Omega_{B/A}$ est un B-module de type fini, donc de support fermé ; quitte à localiser B , on peut donc supposer $\Omega_{B/A} = 0$, donc B nette sur A . Après localisation, on peut alors supposer qu'il existe une A-algèbre étale standard C et un morphisme surjectif $u : C \to B$, tel que $\bar{u} : \bar{C} \to \bar{B}$ soit un isomorphisme (th.1 2)). Soit $I = \mathrm{Ker}(u)$. Comme B et C sont de présentation finie sur A , I est de type fini. Soit r l'image réciproque de q dans C . Il nous faut montrer que I est nul au voisinage de r , et il suffit de prouver que $I_r = 0$. Comme B_q est plat sur A , on a la suite exacte (Bourbaki alg. com. chap.I §2 prop.4) :

$$0 \to \bar{I}_r \to \bar{C}_r \to \bar{B}_q \to 0 .$$

Comme $\bar{C} \simeq \bar{B}$, on a $\bar{C}_r \simeq \bar{B}_q$ et par suite $\bar{I}_r = 0$. Par Nakayama, on conclut que $I_r = 0$.

<u>Théorème</u> 3.- Soit B une A-algèbre étale. Alors le morphisme $\mathrm{Spec}(B) \to \mathrm{Spec}(A)$ est ouvert.

C'est une assertion locale sur Spec(A) et Spec(B) . On peut donc supposer que B est une algèbre étale standard C_g avec $C = A[X]/P$ (P unitaire) (théorème 1). Finalement il suffit de prouver le lemme suivant :

<u>Lemme</u>.- Soit C une A-algèbre finie libre, alors $\mathrm{Spec}(C) \to \mathrm{Spec}(A)$ est un morphisme ouvert.

On peut supposer C de rang constant r. Soit $f \in C$ et montrons que l'image de $\mathrm{Spec}(C_f)$ est une partie ouverte de $\mathrm{Spec}(A)$. Soit $p \in \mathrm{Spec}(A)$. Dire que p n'est pas dans l'image de $\mathrm{Spec}(B_f)$ signifie que l'image de f dans $C \otimes_A k(p)$ est nilpotente, ou encore que son polynôme caractéristique dans $k(p)[T]$ est T^r. Par suite, si $T^r + a_1 T^{r-1} + \dots + a_r$ est le polynôme caractéristique de f dans la A-algèbre B, l'image de $\mathrm{Spec}(B_f)$ dans $\mathrm{Spec}(A)$ est l'ouvert

$$\mathrm{Spec}(A) - V(a_1, \dots, a_r) .$$

<u>Théorème</u> 4.- Soient A un anneau, I un nilidéal de A, $\bar{A} = A/I$, $\bar{B}$ une $\bar{A}$-algèbre étale.

a) Il existe une A-algèbre étale B qui relève $\bar{B}$, c'est-à-dire telle qu'il existe un $\bar{A}$-isomorphisme $\bar{u} : B/IB \xrightarrow{\sim} \bar{B}$.

b) Le relèvement étale B de $\bar{B}$ est unique à un A-isomorphisme unique près. Plus précisément, si B' est un autre relèvement de $\bar{B}$, étale sur A, de sorte que l'on a un $\bar{A}$-isomorphisme $\bar{u}' : B'/IB' \xrightarrow{\sim} \bar{B}$, alors il existe un unique A-isomorphisme $v : B \xrightarrow{\sim} B'$ tel que le diagramme suivant soit commutatif :

$$(*) \qquad \begin{array}{ccc} B/IB & \xrightarrow{v \otimes \bar{A}} & B'/IB' \\ & {\scriptstyle \bar{u}} \searrow \quad \swarrow {\scriptstyle \bar{u}'} & \\ & \bar{B} & \end{array}$$

a) <u>Réduction au cas où</u> I <u>est nilpotent</u>. Considérons I comme limite inductive filtrante de ses sous-idéaux I_α de type fini et soit $A_\alpha = A/I_\alpha$. Alors I_α est nilpotent et $\bar{A} = \varinjlim A_\alpha$. Pour α assez grand, $\bar{B}$ provient d'une A_α-algèbre étale B_α (cf. exercice ci-dessus). Supposons l'assertion a) démontrée lorsque I est nilpotent. Alors B_α se relève en une A-algèbre étale B qui est aussi un relèvement de $\bar{B}$. Soit B' un autre relèvement de $\bar{B}$ étale sur A, de sorte que l'on a des isomorphismes

$$B/IB \xrightarrow[\sim]{\bar{u}} \bar{B} \xleftarrow[\sim]{\bar{u}'} B'/IB' .$$

Pour α assez grand, l'isomorphisme $(\bar{u}')^{-1}\bar{u}$ provient, par passage à la limite, d'un isomorphisme $v_\alpha : B/I_\alpha B \xrightarrow{\sim} B'/I_\alpha B'$. Vu la propriété de relèvement des algèbres étales (chap.I déf.2), v_α se relève de manière unique en un A-morphisme $v : B \to B'$. Le même raisonnement appliqué cette fois à v^{-1}, entraîne que v est nécessairement un isomorphisme. On prouve par la même méthode que v est l'unique A-isomorphisme qui rend commutatif le diagramme $(*)$.

b) Vu ce qui précède, il nous reste à prouver l'existence d'un relèvement étale B de $\bar{B}$, dans le cas où I est nilpotent. Par dévissage, on se ramène au cas où I est de carré nul. Supposons d'abord que $\bar{B}$ soit une A-algèbre étale standard de la forme $\bar{C}_{\bar{g}}$, où $\bar{C} = \bar{A}[X]/(\bar{f})$, $\bar{f}$ étant un polynôme unitaire, tel que l'image de sa dérivée $\bar{f}'$ dans C_g soit inversible. Alors, si f est un polynôme unitaire de $A[X]$ qui relève $\bar{f}$ et si g est un élément de $C = A[X]/(f)$ qui relève $\bar{g}$, il est clair que $B = C_g$ est un relèvement étale de $\bar{B}$. Dans le cas général, posons $S = \mathrm{Spec}(A)$, $\bar{S} = \mathrm{Spec}(\bar{A})$, $\bar{X} = \mathrm{Spec}(\bar{B})$.

D'après le théorème 1, pour tout $s \in \bar{S}$ et tout point $\bar{x}$ de $\bar{X}$ au-dessus de s, il existe un ouvert affine S_{a_i} de S et un ouvert affine $\bar{X}_{b_i}$ de $\bar{X}$ contenant $\bar{x}$, tel que l'anneau de $\bar{X}_{\bar{b}_i}$ soit une algèbre étale standard sur l'anneau de $\bar{S}_{a_i} = S_{a_i} \times_S \bar{S}$. D'après ce qui précède, il existe un schéma affine X_i, étale sur S_{a_i}, donc sur S, qui relève $\bar{X}_{\bar{b}_i}$. Pour tout couple (i,j) d'indices, notons $X_{i,j}$ l'ouvert affine de X_i, d'espace sous-jacent $\bar{X}_{\bar{b}_i} \cap \bar{X}_{\bar{b}_j} = \bar{X}_{\bar{b}_i\bar{b}_j}$. Comme $X_{i,j}$ et $X_{j,i}$ sont deux relèvements de $\bar{X}_{\bar{b}_i\bar{b}_j}$, étales sur S, il existe d'après a) un unique S-isomorphisme $u_{i,j} : X_{i,j} \xrightarrow{\sim} X_{j,i}$ qui relève l'identité de $\bar{X}_{\bar{b}_i\bar{b}_j}$. On peut alors définir un S-schéma X, par recollement des X_i suivant les isomorphismes $u_{i,j}$. En effet, en raison de l'unicité des relèvements des algèbres étales, appliquée aux intersections triples $\bar{X}_{\bar{b}_i} \cap \bar{X}_{\bar{b}_j} \cap \bar{X}_{\bar{b}_k}$, les isomorphismes $u_{i,j}$ vérifient nécessairement la condition de recollement (EGA 0.4.1.7). Par ailleurs X est affine (EGA I 5.1.9). Son anneau B est un relèvement de $\bar{B}$, étale sur A.

§2. Critère jacobien.

Théorème 5.- Soient A un anneau, $C = A[X_1,\dots,X_n]$, I un idéal de C, $B = C/I$, q un idéal premier de B, r son image réciproque dans C.

1) Les propositions suivantes sont équivalentes :

(1) B est net sur A au voisinage de q.

(2) Il existe des polynômes $P_1,\dots,P_n$ dans I tels que : $D = \det\left(\frac{\partial P_i}{\partial X_j}\right) \notin r$.

(3) $\exists P_1,\dots,P_n \in I$ tels que l'image de D dans B_q soit inversible.

2) Les propositions suivantes sont équivalentes :

(1) B est étale sur A au voisinage de q .

(2) Il existe $f \in C-r$ et $P_1,\dots,P_n \in I$ tels que :

a) les images de $P_1,\dots,P_n$ dans I_f engendrent I_f

b) $\det (\frac{\partial P_i}{\partial X_j}) \notin r$.

De plus, si les conditions précédentes sont réalisées et si $Q_1,\dots,Q_n \in I$, alors $Q_1,\dots,Q_n$ engendrent I_r si et seulement si $\det (\frac{\partial Q_i}{\partial X_j}) \notin r$.

Démonstration : 1) Cas net.

On aura besoin d'un lemme :

Lemme.- Soient R un anneau local d'idéal maximal m , M un R-module libre de rang n et P un sous-module de M . Si $(P_i)_{i\in I}$ est un système générateur de P , alors $M/P = 0$ si et seulement si, il existe $P_1,\dots,P_n$ parmi les P_i dont les images dans $\bar{M} = M/mM$ forment une base de $\bar{M}$ sur $k = A/m$.

Démonstration du lemme : Si $M/P = 0$, $M = P$ donc $\bar{M} = \bar{P}$ et le résultat est clair. Réciproquement si on a $P_1,\dots,P_n \in P$ dont les images $\bar{P}_1,\dots,\bar{P}_n$ dans $\bar{M}$ forment une base de $\bar{M}$, il est clair que $\bar{P} \to \bar{M}$ est surjectif et donc, d'après Nakayama, $M = P$.

Revenons au théorème 5.

Comme B est de type fini sur A , $\Omega_{B/A}$ est un B-module de type fini donc $\Omega_{B/A}$ est nul au voisinage de q si et seulement si $(\Omega_{B/A})_q = 0$. Mais $(\Omega_{B/A})_q = \Omega_{B_q/A} = (\bigoplus_{i=1}^{n} B_q\, dX_i)/(dI_q)$. Soit $(P_\lambda)_{\lambda\in\Lambda}$ un système générateur de I_q ,

$(dP_\lambda)_{\lambda\in\Lambda}$ est alors un système générateur de (dI_q). Appliquons le lemme avec $R = B_q$, $M = \bigoplus_{i=1}^{n} B_q\, dX_i$, $P = (dI_q)$. Alors $(\Omega_{B/A})_q$ est nul si et seulement si il existe $P_1,\ldots,P_n$ parmi les P_λ tels que les images $(\overline{dP_i})_{i=1,\ldots n}$ forment une base de $\overline{M}$ sur $k(q)$.

Mais on a

$$dP_i = \sum_{j=1}^{n} \frac{\partial P_i}{\partial X_j}\, dX_j .$$

Donc les $(\overline{dP_i})_{i=1,\ldots,n}$ forment une base de $\overline{M}$ si et seulement si $\det(\overline{\frac{\partial P_i}{\partial X_j}}) \neq 0$ dans $k(q)$, donc si l'image de $\det(\frac{\partial P_i}{\partial X_j})$ est inversible dans B_q. Ceci prouve l'équivalence de (1) et (3) mais comme (2) est évidemment équivalent à (3) on a bien démontré 1).

2) <u>Cas étale.</u>

Montrons que (2) $\Longrightarrow$ (1).

Soient $B_f = C_f/(P_1,\ldots,P_n)$, $D = \det(\partial P_i/\partial X_j)$ et d l'image de D dans B_f. Nous allons montrer que $(B_f)_d$ est une A-algèbre étale. Par suite, si $D \notin r$, B est étale sur A au voisinage de q. Soient E une A-algèbre, J un idéal de carré nul de E, $\bar{u} : B_d \to \overline{E} = E/J$ un A-morphisme. Nous devons montrer qu'il existe un A-morphisme $u : B_d \to E$ qui relève $\bar{u}$. La démonstration est analogue à celle donnée à propos des algèbres étales standard (chap.II prop.8).

On a le diagramme suivant

$$\begin{array}{ccccccc} C = A[X_1,\ldots,X_n] \to C_f \to B_f \to B_d & & E \\ & \overset{\bar{u}}{\searrow} & \downarrow p \\ & & E/J = \overline{E} \end{array}$$

On cherche $u : B_d \to E$ tel que $p \circ u = \bar{u}$.

Soient $\bar{e}_1,\dots,\bar{e}_n$ les images de $X_1,\dots,X_n$ dans $\bar{E}$. On a $P_i(\bar{e}_1,\dots,\bar{e}_n) = 0$ pour $i=1,\dots,n$. Soient $e_1,\dots,e_n$ des relèvements des $\bar{e}_i$ dans E . On a donc $P_i(e_1,\dots,e_n) \in J$.

Modifions les e_i par des éléments ν_i de J et cherchons si on peut trouver des ν_i tels que :

$$P_i(e_1+\nu_1,\dots,e_n+\nu_n) = 0 \qquad (i=1,\dots,n) .$$

On a $P_i(e_1+\nu_1,\dots,e_n+\nu_n) = P_i(e_1,\dots,e_n) + \sum_{j=1}^{n} \nu_j \frac{\partial P_i(e_i)}{\partial X_j}$ + termes en $\nu_i\nu_j$.

Les termes en $\nu_i\nu_j$ sont nuls car $\nu_i \in J$ et $J^2 = 0$.

On a à résoudre un système d'équations linéaires qui est un système de Cramer puisque $\det\left(\frac{\partial P_i}{\partial X_j}\right)(e_i)$ est inversible. On conclut à l'existence et l'unicité des ν_j et on en déduit le morphisme u comme dans le cas des algèbres étales standard.

Montrons que (1) $\Longrightarrow$ (2).

Supposons B étale au voisinage de q . Alors B est nette au voisinage de q et on a des polynômes $Q_1,\dots,Q_n$ dans I tels que $\det\left(\frac{\partial Q_i}{\partial X_j}\right) \notin r$ d'après 1. Montrons qu'il existe $f \in C-r$ tel que les images des Q_i engendrent I_f .

Soit $B' = C/(Q_1,\dots,Q_n)$. Puisque (2) $\Longrightarrow$ (1), B' est étale au voisinage de q .

On a une suite exacte :

$$0 \to I' \to B' \to B \to 0 .$$

Soit q' l'image réciproque de q dans B' ; nous devons montrer que I' est nul au voisinage de q'. Comme B et B' sont de présentation finie, I' est de type fini (au voisinage de q') et il suffit de montrer que $I'_{q'} = 0$.

Comme $I'^2_{q'} \subset \mathrm{rad}(B'_{q'})$, il suffit même de voir que $I'_{q'}/I'^2_{q'} = 0$ d'après Nakayama. Mais la suite

$$(*) \qquad 0 \to I'/I'^2 \to B'/I'^2 \to B \to 0$$

est exacte, et, de plus comme B est étale au voisinage de q, cette suite se scinde au voisinage de q (cf. chap.V démonstration du th.1.1 a) $\Longrightarrow$ b)). La suite obtenue en localisant $(*)$ en q et q' est encore exacte et scindée et si p désigne l'image réciproque de q dans A, elle reste exacte en tensorisant par $k(p)$. On a donc la suite exacte sur les fibres :

$$0 \to (\overline{I'/I'^2})_{q'} \to (\overline{B'/I'^2})_{q'} \xrightarrow{u} \overline{B}_q \to 0 .$$

Montrons que u est un isomorphisme.

Il suffit évidemment de montrer que $\overline{B'_{q'}} \simeq \overline{B_q}$. Or, B' est nette en q' donc $\overline{B}'$ est un produit fini de corps et $\overline{B'_{q'}}$ qui est un composant local de $\overline{B'}$ est un corps. Le morphisme $\overline{B'_{q'}} \to \overline{B}_q$ qui est évidemment surjectif est donc aussi injectif donc c'est un isomorphisme.

On a donc $(\overline{I'/I'^2})_{q'} = \overline{I'_{q'}/I'^2_{q'}} = 0$, et d'après Nakayama, ceci entraîne que $I'_{q'}/I'^2_{q'} = 0$.

Prouvons la dernière assertion de 2).

Si $\det(\frac{\partial Q_i}{\partial X_j}) \notin r$ les Q_i engendrent I_r d'après la démonstration ci-dessus. Réciproquement, si les Q_i engendrent I_r, les $(dQ_i)_{i=1,\dots,n}$ engendrent dI_r et comme B est nette en q, $dI_r = \bigoplus_{i=1}^{n} B_q\, dX_i$ donc $\overline{dI}_r = \bigoplus_{i=1}^{n} k(q) dX_i$ est de dimension n comme les $\overline{dQ}_i$

engendrent $\overline{dI}_r$, ils forment une base de $\overline{dI}_r$ sur $k(q)$ et donc $\det\left(\frac{\partial \overline{Q}_i}{\partial X_j}\right) \neq 0$ ou encore $\det\left(\frac{\partial Q_i}{\partial X_j}\right) \notin r$.

<u>Interprétation géométrique du critère jacobien.</u>

Soient k un corps, $\underline{X} = X_1,\dots,X_n$, $\underline{Y} = Y_1,\dots,Y_m$, $k[\underline{X},\underline{Y}]$ l'anneau des polynômes en les indéterminées X_i , Y_j , $\underline{f} = (f_1,\dots,f_r)$ une famille finie de polynômes de $k[\underline{X},\underline{Y}]$. Soient $A = k[\underline{X}]$, $B = k[\underline{X},\underline{Y}]/(\underline{f})$; et considérons B comme A-algèbre.

Soit Σ le sous-schéma de l'espace affine de dimension m sur $\mathrm{Spec}(A)$ défini par $(\underline{f})$ et $(\underline{x_o},\underline{y_o})$ un point rationnel de Σ . On va traduire la fait que B (ou Σ) est étale sur A en $(\underline{x_o},\underline{y_o})$ (qui est un point fermé de $\mathrm{Spec}\ B$).

D'après le critère jacobien, ceci signifie que au voisinage de $(\underline{x_o},\underline{y_o})$, $(\underline{f})$ est engendré par m équations $f_1,\dots,f_m$, telles que $\det\left(\frac{\partial f_i}{\partial X_j}\right)$ soit inversible en $(\underline{x_o},\underline{y_o})$. Considérons l'espace tangent T_o à Σ en $(\underline{x_o},\underline{y_o})$. C'est le sous-espace de k^{n+m} défini par les équations linéaires :

$$\sum_{j=1}^{n} \frac{\partial f_i}{\partial X_j}\, dX_j + \sum_{\ell=1}^{m} \frac{\partial f_i}{\partial Y_\ell}\, dY_\ell = 0 \qquad i = 1,\dots,m .$$

Si on considère la variété V associée à A , on a une application canonique de Σ dans V par projection qui donne une application linéaire sur les espaces tangents :

$$\varphi : T_o \to k^n$$

$$\varphi(dX_j) = dX_j$$

$$\varphi(dY_\ell) = 0 \quad .$$

Dire que det $(\frac{\partial f_i}{\partial Y_j})$ est inversible en (x_o, y_o), c'est dire que si on se donne un point α de k^n (espace tangent à spec A en l'image de $(\underline{x_o}, \underline{y_o})$) il existe un point β et un seul dans T_o tel que $\varphi(\beta) = \alpha$. En effet le système d'équations :

$$\sum_1^m \frac{\partial f_i}{\partial Y_\ell} \beta_\ell = \sum_1^n \frac{\partial f_i}{\partial X_j} \alpha_j$$

est un système de Cramer puisque det $(\frac{\partial f_i}{\partial Y_\ell}) \neq 0$.

Donc Σ est étale sur A en $(\underline{x_o}, \underline{y_o})$, si et seulement si l'application linéaire tangente en ce point est une bijection.

On constate donc dans ce cas une analogie entre les morphismes étales de la géométrie algébrique et les morphismes étales de la géométrie différentielle, mais on notera qu'en géométrie algébrique on n'a pas (du moins avec la topologie de Zariski) l'analogue du théorème d'inversion locale : un morphisme étale n'est pas en général un isomorphisme local.

Chapitre VI - Exemples d'algèbres étales.

Proposition 1.- Soient A un anneau, $a \in A$, n un entier $\geqslant 1$, $B = A[T]/(T^n - a)$. Alors B est étale sur A si et seulement si $n = 1$ ou si na est inversible dans A.

Démonstration : La A-algèbre B est de présentation finie. De plus comme B est libre sur A, B est plat sur A. Pour voir que B est étale, il suffit de le montrer sur les fibres (chap.V cor.1 au th.2). Soient $p \in \operatorname{Spec} A$, $k = k(p)$, $\bar{B} = B \otimes_A k(p) = k[T]/(T^n - \alpha)$, α désignant l'image de a dans k. Appliquons à $\bar{B}$ le critère jacobien : $\bar{B}$ est étale sur k si et seulement si l'image dans $\bar{B}$ du polynôme dérivé nT^{n-1} de $T^n - \alpha$ est inversible, c'est-à-dire si nT^{n-1} est premier à $T^n - \alpha$. Cette condition est évidemment vérifiée si $n = 1$ ou si $n\alpha \neq 0$ dans k. Elle n'est pas vérifiée si n est un multiple de la caractéristique de k ou si $n \neq 1$ et $\alpha = 0$, d'où la proposition.

Remarque.- Si $a = 1$, l'algèbre étale $B = A[T]/(T^n - 1)$ et l'élément $t \in B$, image de T, représentent, dans la catégorie des A-algèbres, le foncteur μ_n qui à toute A-algèbre C associe l'ensemble des racines $n^{\text{ièmes}}$ de l'unité contenues dans C.

Globalisation.

On va définir pour un schéma S la notion de O_S-algèbre étale et construire un exemple non trivial de telle algèbre.

Définition 1.- Soient S un schéma, B une O_S-algèbre quasi-cohérente, on dit que B est étale sur S si $\forall s \in S$ il existe un voisinage ouvert affine U de s dans S, U = Spec A, tel que $\Gamma(U,B)$ soit une A-algèbre étale.

La construction suivante fournit une globalisation de la situation décrite dans la proposition 1.

Proposition 2.- Soient S un schéma, $\mathcal{L}$ un O_S-module inversible, n un entier et $u : \mathcal{L}^{\otimes n} \to O_S$ un isomorphisme. Alors il existe sur le O_S-module $B = \bigoplus_{i=0}^{n-1} \mathcal{L}^{\otimes i}$ une structure canonique de O_S-algèbre telle que B soit étale sur S si n est inversible sur S.

Démonstration : Se donner sur B une structure de O_S-algèbre équivaut à se donner un morphisme

$$\mu : B \underset{O_S}{\otimes} B \to B$$

satisfaisant à certaines conditions (cf. EGA 0_1 §4).

Dans le cas considéré il faut définir

$$\mu_{i,j} : \mathcal{L}^{\otimes i} \underset{O_S}{\otimes} \mathcal{L}^{\otimes j} \to B \ , \quad \text{pour} \quad 0 \leqslant i,j \leqslant n-1 \ .$$

Deux cas sont possibles :

- si $i+j < n$: on prend pour μ_{ij} l'isomorphisme canonique

$$\mathcal{L}^{\otimes i} \otimes \mathcal{L}^{\otimes j} \to \mathcal{L}^{\otimes i+j}$$

- si $i+j \geqslant n$ on écrit $i+j = n+k$ avec $k < n$. On prend pour $\mu_{i,j}$ l'isomorphisme composé :

$$\mathcal{L}^{\otimes i} \otimes \mathcal{L}^{\otimes j} \xrightarrow{\sim} \mathcal{L}^{\otimes i+j} = \mathcal{L}^{\otimes n+k} \xrightarrow{u \otimes 1} \mathcal{L}^{\otimes k} .$$

On doit vérifier que μ définit sur B une structure de O_S-algèbre et il suffit de le faire localement sur S . Comme $\mathcal{L}$ est un faisceau inversible, on peut supposer S affine d'anneau A et $\mathcal{L} \simeq O_S$, donc $\mathcal{L}$ est engendré par une section e . Alors $\mathcal{L}^{\otimes i}$ est engendré par $e^{\otimes i}$ et l'isomorphisme $u : \mathcal{L}^{\otimes n} \simeq O_S$ envoie $e^{\otimes n}$ sur un élément inversible a de A . Alors B est un O_S-module libre de base $1, e, \ldots, e^{\otimes(n-1)}$ et la définition de μ se traduit comme suit :

$$\mu(e^{\otimes i} \otimes e^{\otimes j}) = e^{\otimes(i+j)} \quad \text{si} \quad i+j < n$$

$$\mu(e^{\otimes i} \otimes e^{\otimes j}) = a\, e^{\otimes k} \quad \text{si} \quad i+j = n+k .$$

Il en résulte que μ définit sur B une structure de O_S-algèbre. Plus précisément, $\Gamma(S,B)$ est isomorphe à la A-algèbre $A[T]/T^n-a$. La dernière assertion de la proposition 2 résulte donc de la proposition 1.

Donnons un exemple explicite d'algèbre étale associée à un faisceau inversible $\mathcal{L}$ d'ordre fini.

Soient k un corps de caractéristique $\neq 2$ et A la k-algèbre $k[X,Y]/(F)$ avec $F = Y^2 - (X-a)P$ où P est un polynôme unitaire de $k[X]$, de degré 2 qui n'admet pas la racine a . Autrement dit $S = \mathrm{Spec}(A)$ est un ouvert d'une courbe algébrique sur k de genre 1 qui est une courbe elliptique si P n'a pas de racine multiple. Nous allons construire sur S un faisceau inversible $\mathcal{L}$ non trivial, d'ordre 2. Plus précisément, nous allons voir que si H est le point rationnel de S , de coordonnées (a,0) , le diviseur div(H) défini par H est un idéal I de A , localement principal sur S , mais qui n'est pas globalement principal, et tel que I^2 soit principal.

Rappelons que $I = \text{div } H = \{a , a \in A$ tels que $a(H) = 0\}$. L'idéal I est localement principal sur S , car il est engendré par y sur le complémentaire de $V(P)$ et par $X\text{-}a$ sur $S - \{H\}$. D'autre part, I^2 est l'idéal principal engendré par $X\text{-}a$. Il reste à voir que I n'est pas principal. Supposons que I soit engendré par $z \in A$. Comme A est un module libre sur $k[X]$, de base $1, y$, on a $z = Q + yR$ où Q et R sont dans $k[X]$. Mais la courbe S est symétrique par rapport à l'axe Ox , donc on a aussi $\text{div}(\bar{H}) = (Q\text{-}yR)$ et par suite $2 \text{ div}(H) = (Q^2 - y^2R^2) = (Q^2 - (X\text{-}a)P\ R^2)$. Comme on a aussi $2 \text{ div}(H) = (X\text{-}a)$, il existe un élément inversible f de A tel que $Q^2 - (X\text{-}a)PR^2 = f(X\text{-}a)$. Mais $(X\text{-}a)$ et $Q^2 - (X\text{-}a)PR^2$ sont des éléments de $k[X]$ et A est fidèlement plat sur $k[X]$. Il en résulte que f est un élément inversible de $k[X]$ donc est une constante non nulle b . On a donc $Q^2 - (X\text{-}a)PR^2 = b(X\text{-}a)$, ce qui contredit le fait que P est de degré pair (degré de $P \doteq 2$) , donc $\text{Div}(H)$ n'est pas principal.

Passons maintenant à la construction de la A-algèbre B (cf. proposition 2). En tant que A-module, on a $B = A \oplus I$. On a un morphisme de A^2 dans I : $A^2 \xrightarrow{\varphi} I \longrightarrow 0$ défini par $\varphi(e_1) = y$, $\varphi(e_2) = X\text{-}\alpha$ où (e_1, e_2) est la base canonique de A^2 il est clair qu'on a les relations

$$(X\text{-}\alpha)e_1 = ye_2 \quad \text{et} \quad ye_1 = Pe_2 .$$

On vérifie aisément qu'elles engendrent $\text{Ker } \varphi$. Comme A-algèbre, B est donc engendrée par $\varphi(e_1)$ et $\varphi(e_2)$ (on écrira abusivement e_1 et e_2). Explicitons la multiplication de B :

Soit u l'isomorphisme de $I^2 = (X-a)A$ sur A qui envoie X-a sur 1 .

On a alors

$$u(e_1^2) = u(y^2) = u((X-a)P) = P$$
$$u(e_1e_2) = u(y(X-a)) = y$$
$$u(e_2^2) = u((X-a)^2) = X-a \quad .$$

On vérifie alors que B est égal au quotient de $A[e_1,e_2]$ par l'idéal J engendré par les éléments :

$$\begin{cases} (X-a)e_1 - ye_2 \\ ye_1 - Pe_2 \\ e_1^2 - P \\ e_1e_2 - y \\ e_2^2 - (X-a) \end{cases}$$

(en fait on peut omettre l'élément $e_1e_2 - y$ qui est combinaison linéaire des autres générateurs). Comme k n'est pas de caractéristique 2, B est étale sur A ; de plus, sur l'ouvert défini par $X-\alpha$, $B \simeq A[e_2]/(e_2^2-(X-\alpha))$ et sur l'ouvert défini par P , $B \simeq A[e_1]/(e_1^2-P)$.

Autre exemple d'algèbre étale.

Soit k un corps, $B = k[X,Y]$. On suppose car $k \neq 2$. Le groupe $G = \mathbb{Z}/2\mathbb{Z}$ opère sur le plan k^2 par $(x,y) \mapsto (-x,-y)$ (symétrie par rapport à l'origine) et donc G opère aussi sur B . Soit $A = B^G$ l'anneau des invariants de G . Alors A est engendré par $u = X^2$, $v = Y^2$, $w = XY$, liés par la relation $uv = w^2$. Donc $A = k[u,v,w]/(uv-w^2)$ (c'est un cône quadratique de k^3). De plus B est une A-algèbre finie (X et Y sont évidemment entiers sur A) et on a $B = A[X,Y]/(X^2-u , Y^2-v , XY-w)$.

Appliquons le critère jacobien aux polynômes $P_1 = X^2-u$ $P_2 = Y^2-v$ $P_3 = XY-w$

$$J = \begin{pmatrix} 2X & 0 \\ 0 & 2Y \\ Y & X \end{pmatrix}$$

Les mineurs d'ordre 2 valent $4XY$, $-2X^2$, $-2Y^2$. En tout point différent de l'origine (c'est-à-dire de l'idéal premier (X,Y)) l'un de ces mineurs est inversible et les pôlynomes correspondants engendrent l'idéal $(X^2-u , Y^2-v , XY-w)$. Donc B est étale sur A sur le complémentaire de $p = (X,Y)$.

<u>Remarque</u>.- Ce dernier exemple sera généralisé au chapitre X.

Chapitre VII - Propriétés de permanence. Exemples d'anneaux henséliens.

§1. Préliminaires. (D'après les notes de J. Tate).

Soient A un anneau et B une A-algèbre finie et libre de base $(e_i)_{1\leqslant i\leqslant n}$. Le dual $B^* = \mathrm{Hom}_A(B,A)$ est un A-module libre de base la base duale $(e_i^*)_{1\leqslant i\leqslant n}$. Dans la suite, on considère B^* comme B-module par la loi externe suivante :

Si $u \in B^*$ et $b \in B$, bu est l'application A-linéaire $b' \to u(bb')$.

Montrons que l'élément $\sum_{i=1}^{n} e_i\, e_i^*$ du B-module B^* est égal à $\mathrm{Tr}_{B/A} : B \to A$ (application trace qui à $b \in B$ associe $\mathrm{Tr}(b) \in A$).

Soit $b \in B$. On a $be_i = \sum_{j=1}^{n} c_{ij}\, e_j$ où $c_{ij} \in A$.

$$\sum_{i=1}^{n} e_i\, e_i^*(b) = \sum_{i=1}^{n} e_i^*(be_i) = \sum_{i=1}^{n} \sum_{j=1}^{n} c_{ij}\, \delta_{ij} = \sum_{i=1}^{n} c_{ii} = \mathrm{Tr}(b) . \qquad \text{cqfd.}$$

Considérons le cas où $B = A[X]/(f)$, avec $f(X) = X^n + \sum_{i=0}^{n-1} a_i\, X^i$. Si x désigne l'image canonique de X dans B, on se propose de déterminer dans le B-module B^* la base duale de la base $(1,x,\dots,x^{n-1})$.

Tout d'abord, remarquons que dans $B[X]$, $f(X) = (X-x)(\sum_{i=0}^{n-1} b_i\, X^i)$, $b_i \in B$.

Proposition 0.- 1°) Soit $\tau \in B^*$ tel que $\tau(x^{n-1}) = 1$ et $\tau(x^i) = 0$ si $0 \leqslant i \leqslant n-2$. Alors $(b_i\tau)_{0\leqslant i\leqslant n-1}$ est la base duale de $(1,x,\dots,x^{n-1})$.

2°) On a $\mathrm{Tr}_{B/A} = f'(x)\tau$ dans le B-module B^*.

<u>Preuve</u> : Posons $C = A[X]$ et $D = B[X]$, de sorte que D est un C-module libre de base $1, x, \ldots, x^{n-1}$. On note encore par τ l'élément de $\mathrm{Hom}_C(D \otimes_A C, C)$ déduit de τ par le changement d'anneaux $A \to C$; on a donc

$$\tau(x^i) = 0 \quad \text{si} \quad i = 0, \ldots, n-2$$

$$\tau(x^{n-1}) = 1$$

Soit $\sigma : D \to C$ le C-morphisme défini par :

$$\sigma(x^i) = X^i \qquad i = 0, \ldots, n-1 .$$

<u>Lemme</u> 1.- $\forall h(X) \in D$, $f(X)\tau(h(X)) = \sigma((X-x)h(X))$. Comme les deux membres sont C-linéaires il suffit de le vérifier pour $h(X) = x^i$:

<u>1er cas</u> : $0 \leqslant i \leqslant n-2$.

Alors $\tau(x^i) = 0$ et le 1er membre de la formule est nul. Le second membre s'écrit :

$$\sigma((X-x)x^i) = XX^i - X^{i+1} = 0 .$$

<u>2ème cas</u> : $h(X) = x^{n-1}$.

Alors $\sigma((X-x)h(X)) = \sigma((X-x)x^{n-1}) = \sigma(Xx^{n-1} + \sum_{i=0}^{n-1} a_i x^i) = X^n + \sum_0^{n-1} a_i X^i = f(X)$ et puisque $f(X)\tau(x^{n-1}) = f(X)$, la formule est démontrée.

L'assertion (1) de la proposition 0 résulte alors du lemme 1. En effet, posons pour $i = 0, \ldots, n-1$, $h(X) = x^i \left(\sum_0^{n-1} b_j X^j\right)$ (les b_j étant les coefficients définis précédemment). On a alors d'après le lemme 1

$$f(X) \left(\sum_{j=0}^{n-1} \tau(x^i b_j) X^j\right) = \sigma(x^i f(X)) = X^i f(X) .$$

Or f est unitaire, donc n'est pas diviseur de 0 dans C d'où :

$$\sum_{j=0}^{n-1} \tau(x^i b_j) X^j = X^i \Longrightarrow \tau(x^i b_j) = \delta_{ij}$$

c'est dire que les $b_i\tau$ forment la base duale de la base (x^j).

2°) Calcul de la trace.

$$\mathrm{Tr}_{B/A} = \sum_{i=1}^{n} e_i e_i^* = \sum_{i=0}^{n-1} x^i(b_i\tau) = (\sum_{i=0}^{n-1} x^i b_i)\tau = f'(x)\tau \ .$$

Corollaire.- $y \in B$, $f'(x).y = \sum_{i=0}^{n-1} \mathrm{Tr}_{B/A}(b_i y)x^i$.

En effet comme $(b_i\tau)$ est la base duale de x^i on a $f'(x)y = \sum_{i=0}^{n-1} (b_i\tau)(f'(x)y)x^i$.

D'autre part, $(b_i\tau)(f'(x)y) = (b_i f'(x))\tau(y) = (f'(x)\tau)(b_i y) = \mathrm{Tr}_{B/A}(b_i y)$ cqfd.

§2. Théorèmes de permanence.

Proposition 1.- Soient A un anneau et B une A-algèbre étale. Si A est réduit, B est réduit.

Preuve : C'est une propriété locale sur $\mathrm{Spec}(A)$ et $\mathrm{Spec}(B)$, de sorte que l'on peut supposer que B est une A-algèbre étale standard (chap.V th.1) donc de la forme $C_{f'}$, où $C = A[X]/(f)$ et f est unitaire. On note x l'image de X dans C .

Lemme.- Soit M (resp. N) le nilradical de A (resp. C). Alors on a

$$f'(x)N \subset MC \ .$$

Preuve : D'après le corollaire ci-dessus, on a pour tout élément y de C

$$f'(x)y = \sum_{0}^{n-1} \mathrm{Tr}_{C/A}(b_i y)x^i \ .$$

Or si $y \in N$, il en est de même des éléments $b_i y$. Par ailleurs, si $z \in N$, on a $\mathrm{Tr}_{C/A}(z) \in M$. En effet, $\forall p \in \mathrm{Spec}(A)$, l'image de z dans $C \otimes_A k(p)$ est nilpotente, donc a une trace nulle dans $k(p)$. Par suite, $\mathrm{Tr}_{C/A}(z) \in p$, pour tout idéal premier p

de A , donc $Tr_{C/A}(z) \in M$.

Montrons que le lemme entraîne la proposition 1. Comme A est supposé réduit, on a $f'(x)N = 0$. Par localisation suivant $f'(x)$, on en déduit $f'(x)$ (nilradical(B)) $= 0$, d'où le fait que B est réduit, puisque $f'(x)$ est inversible sur B .

Définition.- On dit qu'un anneau A est normal si $\forall p \in Spec(A)$, A_p est intègre et intégralement clos.

Proposition 2.- Soient A un anneau et B une A-algèbre étale. Alors, si A est normal, B est normal.

Preuve : Comme précédemment, on peut se limiter au cas où B est une algèbre étale standard, de la forme $C_{f'}$ où $C = A[X]/(f)$. Par localisation, on se ramène au cas où l'anneau normal A est local, donc intègre. Soit K le corps des fractions de A . Alors $L = C \otimes_A K$ est une K-algèbre finie qui contient C . Soient C' la clôture intégrale de C dans L et y' un élément de C'. Reprenons les notations du §1. Comme $y' \in C'$, on a aussi $b_i y' \in C'$. Mais A est normal, donc $Tr_{L/K}(b_i y') \in A$ (Bourbaki alg. com. chap.5 §1 cor.2 de la prop.17). Il résulte alors du corollaire à la proposition 0 que $f'(x)y'$ est dans C . On a donc $f'(x)C' \subset C$ et par suite $C_{f'}$ est normal.

Exercice : Si A est régulier, toute A-algèbre étale B est régulière.

§3. Nouvelles caractérisations d'un anneau local hensélien.

Soit A un anneau local, d'idéal maximal m et de corps résiduel k.

Proposition 3.- Les conditions suivantes sont équivalentes :

(1) A est hensélien.

(2) Tout polynôme unitaire $P \in A[X]$ dont l'image $\bar{P}$ dans $k[X]$ a une racine simple $\bar{a}$ dans k, possède une racine dans A qui relève $\bar{a}$.

(3) Si B est étale sur A, si $\eta \in \mathrm{Spec}(B)$ est au-dessus de m et si $k(\eta) = k$, alors $A \to B_\eta$ est un isomorphisme.

De plus, si B est une A-algèbre de type fini quasi-finie en η au-dessus de m, alors B_η est finie sur A et est un facteur direct de B.

Preuve : 1) $\Longrightarrow$ 2). Si $\bar{a}$ est une racine simple de $\bar{P}$, on peut écrire $\bar{P} = (X-\bar{a})\bar{Q}$, avec $(\bar{Q}, X-\bar{a}) = 1$. Il suffit alors d'appliquer la prop.5 du chapitre I

2) $\Longrightarrow$ 3). On peut supposer que B est une algèbre étale standard ($B = C_{f'}$, $C = A[X]/f$, f unitaire). Comme $k(\eta) = k$, l'idéal premier η de B correspond à une racine $\bar{a}$ de l'image $\bar{f}$ de f dans $k[X]$. Comme f' est inversible en η, $\bar{a}$ est nécessairement une racine simple de $\bar{f}$. La condition 2) entraîne que $\bar{a}$ se relève en une racine a de f. Donc $f = (X-a)g$ où g est un polynôme unitaire de $A[X]$. Procédant comme dans la démonstration de la prop.5 du chap.I, (4) $\Longrightarrow$ 3)), on montre que le morphisme canonique

$$C = A[X]/(f) \to A[X]/(X-a) \times A[X]/(g)$$

est bijectif, puisqu'il en est ainsi modulo m. Il suffit alors de noter, que vu le choix de $\bar{a}$, l'idéal η de C correspond à l'idéal maximal du facteur direct $A[X]/X-a \simeq A$ de C , d'où $A \simeq C_\eta \simeq B_\eta$.

3) $\Longrightarrow$ 1). Soit B une A-algèbre finie libre et montrons que B est décomposée. On a construit au chap.I §4 une A-algèbre étale E qui représente les idempotents de B . Pour voir que B est décomposée, il suffit de prouver que tout idempotent $\bar{e}$ de $\bar{B} = B \otimes_A k$ se relève en un idempotent e de B . L'idempotent e correspond à la donnée d'un A-morphisme $\bar{u} : E \to k$. Soit $\eta = \mathrm{Ker}(\bar{u})$. Alors $\bar{u}$ se factorise en $E \xrightarrow{\text{can.}} E_\eta \xrightarrow{\bar{v}} k$. Le problème du relèvement de l'idempotent $\bar{e}$ se ramène au relèvement de $\bar{u}$ en un A-morphisme $u : E \to A$. Il revient au même de relever $\bar{v}$ en un A-morphisme $v : E_\eta \to A$. Or E_η est un localisé d'une A-algèbre étale et l'extension résiduelle est triviale. D'après 3), le morphisme canonique $A \to E_\eta$ est un isomorphisme, d'où l'existence de v .

Prouvons enfin la dernière assertion de la prop.3, concernant les A-algèbre quasi-finies. Soit B une A-algèbre de type fini, quasi-finie en η au-dessus de m . D'après le Main Theorem de Zariski (chap.IV cor.2), il existe $f \in B-\eta$, tel que $\mathrm{Spec}(B_f)$ soit un ouvert de Spec(C) , avec C fini sur A . Comme A est hensélien, C est décomposé ; par suite, B_η est un facteur direct de C et a fortiori est un facteur direct de B_f . On a donc une immersion ouverte $\mathrm{Spec}(B_\eta) \to \mathrm{Spec}(B_f)$, qui composée avec l'immersion ouverte $\mathrm{Spec}(B_f) \to \mathrm{Spec}(B)$, fournit une immersion ouverte $\mathrm{Spec}(B_\eta) \to \mathrm{Spec}(B)$. Par ailleurs, B_η étant un facteur direct de C , est fini sur A , et a fortiori sur B . Un morphisme fini étant fermé, $\mathrm{Spec}(B_\eta)$ est fermé dans Spec(B) ; comme on vient de voir qu'il est aussi ouvert, B_η est un facteur direct de B .

§4. Exemples d'anneaux locaux henséliens.

Proposition 4.- Soient k un corps (commutatif) valué complet, non discret, X un espace topologique, x un point de X et A l'anneau local des germes de fonctions continues en x, à valeurs dans k. Alors A est hensélien.

Etablissons d'abord le lemme suivant :

Lemme.- Soit $F = T^n + \sum_0^{n-1} Y_i T^i$ élément de $k[Y_0,\dots,Y_{n-1},T]$. Si $\underline{y} = (y_0,\dots,y_{n-1})$ est un point de k^n, on pose

$$F(\underline{y},T) = T^n + \sum_0^{n-1} y_i T^i \in k[T] .$$

Soit $\underline{z}$ un point de k^n et $t_0 \in k$, un zéro simple de $F(\underline{z},T)$. Alors il existe un ouvert V de l'espace topologique produit k^n, qui contient $\underline{z}$ et une fonction analytique $u : V \to k$, telle que $u(\underline{z}) = t_0$ et telle que pour tout $\underline{y}$ dans V, on ait $F(\underline{y},u(\underline{y})) = 0$.

Le lemme découle du théorème des fonctions implicites.

Ceci étant, pour voir que l'anneau A est hensélien, nous allons montrer que la condition 2) de la proposition 3 est vérifiée.

Soit donc $P = T^n + \sum_0^{n-1} f_i T^i$ un polynôme unitaire de $A[T]$ tel que $\overline{P} = T^n + \sum_0^{n-1} f_i(x)T^i$ ait un zéro simple t_0 dans k. Montrons que t_0 se relève en un zéro de A. Il revient au même de montrer qu'il existe une fonction $f \in A$, telle que $P(f) = 0$ et telle que $f(x) = t_0$. Quitte à restreindre X à un voisinage de x, on peut supposer que les fonctions f_i sont définies sur X. Soit $\varphi : X \to k^n$ l'application continue ayant pour composantes les f_i. Si $F \in k[Y_0,\dots,Y_{n-1},T]$ est le polynôme introduit dans le lemme ci-dessus, on a $P = F\circ\varphi$. Posons $\underline{z} = \varphi(x)$. Alors $F(\varphi(\underline{x}),T)$ a un zéro simple t_o en $\underline{z}$. D'après le lemme, il existe un voisinage V de $\underline{z}$ dans k^n et une fonction analytique $u : V \to k$ telle que $u(\underline{z}) = t_o$ et $F(\underline{y},u(\underline{y})) = 0$, $\forall \underline{y} \in V$. Alors $W = \varphi^{-1}(V)$ est un voisinage de x dans X et la fonction continue $f = u\circ\varphi : W \to k$ et telle que $P(f) = 0$ et $f(x) = t_o$.

La même démonstration fournit les exemples 2 et 3 ci-après :

__2ème exemple__ : On prend $k = \mathbb{R}$ et X est une variété de classe C^r (r fini ou infini). Alors l'anneau des germes de fonctions C^r en $x \in X$ est hensélien.

__3ème exemple__ : Si k est valué complet, non discret, et si X est une variété analytique sur k, l'anneau des germes de fonctions holomorphes en $x \in X$ est hensélien.

__4ème exemple__ : Si $k = \mathbb{C}$, et si X est un espace analytique sur $\mathbb{C}$, l'anneau local en $x \in X$ est hensélien comme quotient d'un anneau de séries convergentes (3ème exemple).

Chapitre VIII - Hensélisation.

Si A est un anneau local, on se propose de lui associer de manière universelle un anneau local hensélien.

Définition 1.- Soit A un anneau local, on appelle *hensélisation de* A un couple $(\tilde{A},i)$ où $\tilde{A}$ est un anneau local hensélien et i un morphisme local $i : A \to \tilde{A}$ tels que : pour tout anneau B local hensélien et pour tout morphisme local $u : A \to B$, il existe un unique morphisme local $\tilde{u} : \tilde{A} \to B$ tel que $u = \tilde{u}i$.

On a donc le diagramme commutatif :

$$\begin{array}{ccc} A & \xrightarrow{i} & \tilde{A} \\ & {\scriptstyle u}\searrow & \downarrow{\scriptstyle \tilde{u}} \\ & & B \end{array} .$$

Avant de construire $(\tilde{A},i)$ posons quelques définitions.

Définition 2.- Soit A un anneau local d'idéal maximal m. On appelle A-algèbre *locale-étale* une A-algèbre de la forme B_n où B est étale sur A et n un idéal premier de B au-dessus de m. (Il revient au même de dire que le morphisme $A \to B_n$ est local).

Remarque.- En général B_n n'est pas de présentation finie sur A (donc n'est pas étale sur A).

Définition 3.- Soit A un anneau local, on appelle A-algèbre *locale ind-étale* une limite inductive filtrante de A-algèbres locales-étales (les morphismes de transition étant locaux).

<u>Lemme</u> 1.- Soient A un anneau local, B' une A-algèbre locale-étale, C' une B'-algèbre locale-étale. Alors C' est une A-algèbre locale-étale.

<u>Démonstration</u> : On a $B' = B_n$, avec B étale sur A , $C' = C_p$, avec C étale sur B' (n et p désignent des idéaux premiers). On peut supposer C étale standard : $C = (B'[T]/(f))_g$ avec f unitaire dans $B'[T]$ et f' inversible dans C . Il existe alors $h \in B{-}n$, tel que f et g proviennent de polynômes de $B_h[T]$, notés encore f et g . On peut supposer f unitaire et f' inversible dans $(B_h[T]/f)_g = D$. Alors D est étale sur B_h donc est étale sur A et $C' = C_p$ est un localisé de D donc est locale-étale sur A .

<u>Proposition</u> 1.- Soient A un anneau local, B une A-algèbre locale ind-étale, C une A-algèbre locale telle que $A \to C$ soit local. On note k_A , k_B , k_C les corps résiduels de A , B , C . Soit $\mathrm{Hom}_{\mathrm{loc}\,A}(B,C)$ l'ensemble des A-morphismes locaux de B dans C . Alors :

1) L'application canonique

$$\mathrm{Hom}_{\mathrm{loc}\,A}(B,C) \hookrightarrow \mathrm{Hom}_A(B,C)$$

est un isomorphisme.

2) Considérons l'application canonique φ :

$$\varphi : \mathrm{Hom}_{\mathrm{loc}\,A}(B,C) \to \mathrm{Hom}_{k_A}(k_B,k_C) .$$

Alors : a) φ est injective

b) si de plus C est hensélien, φ est bijective.

Démonstration : 1) Soit $u : B \to C$ un A-morphisme et montrons que u est local. Si on appelle m, n, p les idéaux maximaux de A, B, C , il revient au même de dire que $u^{-1}(p) = n$ ce qui sera certainement vérifié si n est le seul point de Spec(B) au-dessus de m . Par passage à la limite inductive, il suffit de voir qu'il en est ainsi pour une algèbre locale-étale. Bref, il suffit de montrer que si B est une A-algèbre étale et si n et q sont deux idéaux premiers de B au-dessus de m , alors n et q sont sans relation d'inclusion. Mais cela résulte du fait que le fibre de B au-dessus de $k(m)$ est un produit fini de corps.

2) Pour établir 2), on va se ramener au cas où B est étale sur A . Par hypothèse, B est une A-algèbre locale-ind-étale, donc $B = \varinjlim B_i$ où les B_i sont des A-algèbres locales étales. On a alors $k_B = \varinjlim k_{B_i}$. Par suite, $\mathrm{Hom}_A(B,C) = \varprojlim \mathrm{Hom}_A(B_i,C)$ et $\mathrm{Hom}_{k_A}(k_B,k_C) = \varprojlim \mathrm{Hom}_{k_A}(k_{B_i},k_C)$. On est donc ramené au cas où B est locale-étale.

Changeant de notations, on suppose désormais que B est de la forme B_n où B est étale sur A et n est un idéal premier de B au-dessus de m . Comme B est nette sur A , il n'y a qu'un nombre fini d'idéaux premiers de B au-dessus de m . Par suite, il existe f dans $B-n$, tel que $f \in n_i$ pour tout idéal premier n_i de B , au-dessus de m , distinct de n . Quitte alors à remplacer B par B_f , on peut supposer que n est le seul idéal premier de B au-dessus de m . On a alors $\mathrm{Hom}_A(B,C) = \mathrm{Hom}_A(B_n,C)$. En effet, si $u : B \to C$ est un A-morphisme, $u^{-1}(p)$ est égal à n (puisque c'est un idéal premier de B au-dessus de m) et par suite u se factorise de manière unique à travers B_n . On a aussi $\mathrm{Hom}_{k_A}(k_{B_n},k_C) = \mathrm{hom}_{k_A}(B/mB , k_C)$. Quitte alors à remplacer B_n par B , on peut supposer que B est une A-algèbre étale.

3) Montrons que φ est injective. Ceci va résulter du lemme suivant :

<u>Lemme</u> 2.- Soient B une A-algèbre nette, C une A-algèbre, r un idéal premier de C, $i : C \to k(p)$ le morphisme canonique, u et v deux A-morphismes de B dans C tels que les composés iu et iv coïncident :

$$B \underset{v}{\overset{u}{\rightrightarrows}} C \xrightarrow{i} k_r .$$

Alors il existe $f \in C\text{-}r$ tel que les composés $B \underset{v}{\overset{u}{\rightrightarrows}} C \longrightarrow C_f$ coïncident.

Montrons que ce lemme entraîne l'injectivité de φ (remarquons qu'on suppose seulement B nette). Soient $B \underset{v}{\overset{u}{\rightrightarrows}} C$ deux A-morphismes tels que les morphismes $\bar{u}$ et $\bar{v} : k_B \to k_C$ coïncident. Alors les morphismes composés $B \underset{v}{\overset{u}{\rightrightarrows}} C \xrightarrow{i} k_C$ coïncident ; donc il existe $f \in C\text{-}p$ tel que $B \underset{v}{\overset{u}{\rightrightarrows}} C \longrightarrow C_f$ coïncident. Mais comme C est local, $C = C_f$ et $u = v$.

<u>Démonstration du lemme</u> 2 : Traduisons la propriété en termes de schémas $S = \operatorname{Spec} A$, $X = \operatorname{Spec} B$, $T = \operatorname{Spec} C$ et notons $\tilde{u}$ et $\tilde{v}$ les morphismes définis par u et v

$$\begin{array}{ccc} T & \underset{\tilde{v}}{\overset{\tilde{u}}{\rightrightarrows}} & X \\ & \searrow & \downarrow \\ & & S \end{array}$$

Soit t le point de T correspondant à r et soit $\delta : X \to X \underset{S}{\times} X$ le morphisme diagonal.

Considérons le carré cartésien suivant :

$$\begin{array}{ccc} W & \longrightarrow & X \\ {\scriptstyle i}\downarrow & & \downarrow{\scriptstyle \delta} \\ T & \xrightarrow{u \underset{S}{\times} v} & X \underset{S}{\times} X . \end{array}$$

Alors W est le plus grand sous-schéma de T sur lequel u et v coïncident, donc $t \in W$. Mais comme X est net sur S, δ est une immersion ouverte (ch.III Prop.9) et par changement de base, i est donc aussi une immersion ouverte ce qui prouve le lemme puisque les ouverts $\mathrm{Spec}\ C_f$ forment une base d'ouverts pour la topologie de $T = \mathrm{Spec}\ C$.

4) Supposons désormais C hensélien et montrons que φ est surjectif.

Posons $D = B \underset{A}{\otimes} C$ on a :

$$\mathrm{Hom}_A(B,C) = \mathrm{Hom}_C(D,C)$$

et de même

$$\mathrm{Hom}_{k_A}(k_B,k_C) = \mathrm{Hom}_A(B,k_C) = \mathrm{Hom}_C(D,k_C) .$$

Il est clair que $\mathrm{Hom}_C(D,k_C)$ est en bijection avec l'ensemble des idéaux maximaux d de D au-dessus de $p = \mathrm{rad}\ C$ tels que $k(d) = k_C$. Mais alors, d'après la prop.3 du ch.VII on sait que, pour un tel d on a $D_d \simeq C$.

Et donc tout morphisme $\bar{u} : D \to k_C$ de noyau $\underline{d}$ se relève en $u : D \to C$ comme le montre le diagramme suivant :

$$\begin{array}{ccccc} D & \to & D_d & \to & k_C \\ & & \wr & \nearrow & \\ & & C & & \end{array}$$

<u>Corollaire</u>.- Soit A un <u>anneau</u> <u>local</u> <u>hensélien</u>. Alors le foncteur :

$$F : B \mapsto \bar{B} = B \underset{A}{\otimes} k_A$$

est une <u>équivalence</u> entre la catégorie des A-algèbres finies étales (resp. finies étales <u>et</u> locales) et la catégorie des k_A-algèbres étales (resp. des extensions finies séparables de k_A).

Démonstration : 1) Cas local.

Si B est locale finie et nette sur A , $\overline{B} = k_B$ est un corps extension finie séparable de k_A . Montrons alors que F est pleinement fidèle, c'est-à-dire que :

$$\mathrm{Hom}_A(B,C) \simeq \mathrm{Hom}_{k_A}(k_B,k_C) .$$

En effet comme C est fini sur A , C est hensélien et l'isomorphisme ci-dessus résulte de la proposition 1.

Montrons que F est essentiellement surjectif.

Soit $k_A \to K$ une extension finie séparable. D'après le théorème de l'élément primitif, K est monogène (cf. chap.III Prop.11) , donc $K \simeq k_A[X]/(\overline{P})$ où $\overline{P}$ est un polynôme unitaire premier à sa dérivée. Relevons $\overline{P}$ en P unitaire de même degré et soit $B = A[X]/(P)$. Il est clair que B est finie locale-étale sur A et que $F(B) \simeq K$.

2) Cas général.

Comme A est hensélien, si C est finie sur A , C est produit de ses composants locaux $C = \prod_i C_{n_i}$ et donc $\mathrm{Hom}_A(B,C) = \prod_i \mathrm{Hom}_A(B,C_{n_i})$. De plus $\overline{C} = \prod_i \overline{C}_{n_i} = \prod_i k_{C_{n_i}}$ et donc $\mathrm{Hom}_{k_A}(\overline{B},\overline{C}) = \prod_i \mathrm{Hom}_{k_A}(\overline{B},k_{C_{n_i}})$. On est donc ramené au cas où C est local. Comme on a aussi $B = \prod_j B_{p_j}$, pour la même raison, et comme C est local, $\mathrm{Hom}_A(B,C) \simeq \coprod \mathrm{Hom}_A(B_{p_j},C)$. En effet, si on regarde les schémas associés on a :

$$\mathrm{Hom}_A(B,C) \simeq \mathrm{Hom}_{\mathrm{Spec}\, A}(\mathrm{Spec}\, C,\mathrm{Spec}\, B) = \mathrm{Hom}_{\mathrm{Spec}\, A}(\mathrm{Spec}\, C,\coprod \mathrm{Spec}\, B_{p_j})$$

et comme C est local, Spec C est connexe, donc tout homomorphisme $\mathrm{Spec}\, C \to \coprod \mathrm{Spec}\, B_{p_j}$ se factorise par l'un des Spec B_{p_j} . De même $\mathrm{Hom}_{k_A}(\bar{B},k_C) = \mathrm{Hom}_{k_A}(k_{B_p},k_C)$ et l'on est ainsi ramené au cas local déjà traité.

<u>Proposition</u> 2.- Soit A un anneau local d'idéal maximal m .

1) Il existe un ensemble Λ et une famille $(A_\lambda)_{\lambda\in\Lambda}$ de A-algèbres locales-étales telle que toute A-algèbre locale-étale B soit A-isomorphe à une unique algèbre A_λ . On note m_λ l'idéal maximal de A_λ .

2) Soit I le sous-ensemble de Λ défini par

$$I = \{\lambda ; \lambda \in \Lambda \mid A_\lambda/m_\lambda \simeq A/m\} .$$

Alors la relation " $i \leqslant j$ si et seulement si il existe un A-morphisme local $\varphi_{ji} : A_i \to A_j$ " est une relation d'ordre sur I et I est filtrant à droite pour cette relation.

<u>Démonstration</u> : 1) Soit Λ_o le sous-ensemble de $A[T] \times \mathrm{Spec}\, A[T]$ formé des couples (P,q) , où P est un polynôme unitaire et q est un idéal premier de $A[T]$, au-dessus de m , tel que la dérivée P' de P n'appartienne pas à q . Si $\lambda_o = (p,q) \in \Lambda_o$, on pose $B_{\lambda_o} = A[T]/(P)$ et $A_{\lambda_o} = (B_{\lambda_o})_q$.

Il résulte alors du théorème de structure locale (chap.V th.1), que toute A-algèbre locale-étale est A-isomorphe à une algèbre du type A_{λ_o} , pour un élément λ_o convenable de Λ_o . Considérons alors dans Λ_o la relation d'équivalence R :

"λ_o R μ_o" si et seulement si A_{λ_o} est A-isomorphe à A_{μ_o} . Soit Λ l'ensemble quotient Λ_o/R et pour tout $\lambda \in \Lambda$, choisissons une algèbre notée A_λ dans la classe d'équivalence associée à λ . Alors la famille (A_λ) , $\lambda \in \Lambda$ satisfait aux conditions énoncées dans 1).

2) La relation $i \leqslant j$ est évidemment réflexive et transitive. D'autre part, si on a deux A-morphismes : $A_i \xrightarrow{\varphi_{ji}} A_j$ et $A_j \xrightarrow{\varphi_{ij}} A_i$ on en déduit un A-morphisme local $A_i \xrightarrow{\varphi_{ij} \circ \varphi_{ji}} A_i$ qui donne sur les corps résiduels un k-morphisme qui est nécessairement l'identité puisque $k_{A_i} = k_{A_j} = k$. D'après la proposition 1 on a $\varphi_{ij}\,\varphi_{ji} = id_{A_i}$ et φ_{ji} est un isomorphisme ce qui prouve que $i = j$.

Montrons enfin que I est filtrant. Soient A_i et A_j deux algèbres locales-étales d'idéaux maximaux m_i et m_j, avec $A_i = (B_i)_{n_i}$, $A_j = (B_j)_{n_j}$, B_i et B_j étant deux A-algèbres étales. On peut supposer que n_i et n_j sont les seuls idéaux premiers de B_i et B_j au-dessus de m. De plus comme $i,j \in I$ on a $A_i/m_i = A_j/m_j = k_A$. Alors on a $(A_i \otimes_A A_j) \otimes_A k_A \simeq (A_i \otimes_A k_A) \otimes_{k_A} (A_j \otimes_A k_A) \simeq k_A \otimes_{k_A} k_A \simeq k_A$. Soit alors A' le localisé de $A_i \otimes_A A_j$ en l'unique idéal premier au-dessus de m, de sorte que A' est un anneau local de corps résiduel isomorphe à k_A, qui domine A_i et A_j. Par ailleurs, comme A_i (resp. A_j) est un localisé d'une A-algèbre étale B_i (resp. B_j), A' est un localisé de la A-algèbre étale $B_i \otimes_A B_j$, donc est locale-étale. Il en résulte bien que l'ensemble I est filtrant à droite.

<u>Théorème</u> 1.- Gardons les notations de la proposition 2 2). Soit $\tilde{A}$ l'anneau local limite inductive filtrante des anneaux locaux A_j, $j \in I$ et soit $i : A \to \tilde{A}$ le morphisme local canonique. Alors le couple $(\tilde{A}, i)$ est un <u>hensélisé</u> de A. De plus, si (A', i') est un autre hensélisé de A, il existe un unique A-isomorphisme $u : \tilde{A} \xrightarrow{\sim} A'$, tel que le diagramme

$$\begin{array}{ccc} \tilde{A} & \xrightarrow{u} & A' \\ & {\scriptstyle i}\nwarrow \quad \nearrow{\scriptstyle i'} & \\ & A & \end{array}$$

soit commutatif.

La dernière assertion, résulte formellement de la définition d'un hensélisé. Montrons que $(\tilde{A},i)$ est un hensélisé de A .

a) <u>L'anneau</u> $\tilde{A}$ <u>est hensélien.</u> Pour établir ce point, montrons que si $\tilde{B}$ est une $\tilde{A}$-algèbre étale et $\tilde{n}$ un idéal premier de $\tilde{B}$ au-dessus de $\tilde{m} = \mathrm{rad}(\tilde{A})$, tel que $k(\tilde{n}) = k_{\tilde{A}} = k_A$, alors le morphisme canonique $\tilde{A} \to \tilde{B}_{\tilde{n}}$ est un isomorphisme (chap.VII, prop.3). On peut supposer $\tilde{B}$ étale standard : $\tilde{B} = (\tilde{A}[T]/(f))_g$. Alors $\tilde{B}$ provient d'une A_i-algèbre étale standard B_i (pour i assez grand) comme on le voit en relevant les coefficients de f et g . On a donc le diagramme cocartésien :

$$\begin{array}{ccc} B_i & \longrightarrow & \tilde{B} \\ \uparrow & & \uparrow \\ A_i & \longrightarrow & \tilde{A} \end{array} .$$

Soit n_i l'image réciproque de $\tilde{n}$ dans B_i .

Il est clair que l'extension résiduelle $k_{A_i} \to k(n_i)$ est triviale, donc $(B_i)_{n_i}$ est une A_i-algèbre locale-étale à extension résiduelle triviale. Mais alors, d'après le lemme 1, $(B_i)_{n_i}$ est une A-algèbre locale-étale à extension résiduelle triviale. D'après la définition de l'ensemble I , il existe alors $j \in I$ tel que $j \geqslant i$ et $(A_j) \simeq (B_i)_{n_i}$. Posons $B_j = B_i \otimes_{A_i} A_j$ et soit n_j l'image réciproque de $\tilde{n}$ dans B_j . Montrons que $(B_j)_{n_j}$ est facteur direct de B_j . Pour cela posons $S = \mathrm{Spec}\, B_j$. Comme B_i est nette sur A_i , le morphisme diagonal $X \xrightarrow{\Delta} X \times_S X$ est une immersion ouverte et fermée. Comme on a un S-morphisme $T \xrightarrow{s} X$ donnée par l'isomorphisme $A_j \simeq (B_i)_{n_i}$ on en déduit que l'image réciproque de Δ par S est aussi une immersion ouverte et fermée :

$$\begin{array}{ccc} X \underset{S}{\times} X & \longleftarrow & X \underset{S}{\times} T \\ \uparrow \Delta & & \uparrow \\ X & \overset{s}{\longleftarrow} & T \end{array}$$

ce qui prouve que $(B_j)_{n_j}$ est facteur direct de B_j et est isomorphe à A_j . Par changement d'anneaux $A_j \to \tilde{A}$, on en déduit que $B_{\tilde{n}} \simeq \tilde{A}$. cqfd.

b) $(\tilde{A},i)$ <u>est un hensélisé de</u> A . Soit B un anneau local hensélien qui domine A . On doit vérifier que le morphisme canonique $A \to B$ se factorise à travers i , de manière unique. Or, comme $\tilde{A}$ est une A-algèbre ind-étale, il résulte de la proposition 1 que l'on a

$$\mathrm{Hom}_A(\tilde{A},B) \simeq \mathrm{Hom}_{k_A}(k_{\tilde{A}},k_B) .$$

Mais $k_{\tilde{A}} = k_A$ donc $\mathrm{Hom}_A(\tilde{A},B)$ est un ensemble ayant un seul élément.

§2. <u>Hensélisation stricte.</u>

On se propose de réaliser une construction, analogue à la précédente, mais où les extensions résiduelles ne seront plus nécessairement triviales.

<u>Proposition</u> 3.- Gardons les notations de la proposition 2. Soient Ω une clôture séparable de k_A et J l'ensemble des couples (λ,α_λ) , où $\lambda \in \Lambda$ et $\alpha_\lambda : A_\lambda \to \Omega$ est un A-morphisme local de sorte que l'on a un diagramme commutatif

$$\begin{array}{ccc} A_\lambda & \xrightarrow{\alpha_\lambda} & \Omega \\ \text{can.}\downarrow & \nearrow & \\ k_A & & \end{array}$$

La relation " $(\lambda,\alpha_\lambda) \leqslant (\mu,\alpha_\mu)$ si et seulement si il existe un A-morphisme local $\alpha_{\lambda\mu} : A_\lambda \to A_\mu$ rendant commutatif le diagramme

$$\begin{array}{ccc} A_\lambda & \xrightarrow{\alpha_\lambda} & \\ {\scriptstyle \alpha_{\lambda\mu}}\downarrow & & \Omega \\ A_\mu & \xrightarrow[\alpha_\mu]{} & \end{array}$$ "

est une relation d'ordre sur J et J est filtrant à droite pour cette relation.

Démonstration : La réflexivité et la transitivité sont évidentes.

a) antisymétrie : si on a un diagramme commutatif

$$\begin{array}{ccc} A_\lambda & \xrightarrow{\alpha_\lambda} & \Omega \\ {\scriptstyle \alpha_{\mu\lambda}}\downarrow\uparrow{\scriptstyle \alpha_{\lambda\mu}} & \nearrow{\scriptstyle \alpha_\mu} & \\ A_\mu & & \end{array}$$

Il est clair que les isomorphismes déduits de $\alpha_{\mu\lambda}$ et $\alpha_{\lambda\mu}$ sur les corps résiduels sont réciproques l'un de l'autre et donc d'après la proposition 1, $\alpha_{\mu\lambda}$ et $\alpha_{\lambda\mu}$ sont des isomorphismes réciproques. Mais alors d'après la définition de Λ , $\lambda = \mu$.

b) J est filtrant. Soient (λ,α_λ) et (μ,α_μ) deux éléments de J , A_λ et A_μ les A-algèbres locales-étales correspondant à λ et μ . Notons $\varphi : A_\lambda \otimes_A A_\mu \to \Omega$ le morphisme $\alpha_\lambda \otimes \alpha_\mu$ et soit $n = \mathrm{Ker}(\varphi)$. Alors n est un idéal premier au-dessus de m et $(A_\lambda \otimes_A A_\mu)_n = A_\nu$ est une A-algèbre locale-étale. Par localisation de φ en n , on obtient un A-morphisme $\alpha_\nu : A_\nu \to \Omega$. Il est clair que (A_ν,α_ν) majore les couples $(A_\lambda,\alpha_\lambda)$ et (A_μ,α_μ).

Définition 4.- On dit qu'un anneau local A est <u>strictement hensélien</u>, s'il est hensélien et

si son corps résiduel est séparablement clos.

Exemple : L'anneau local des germes de fonctions holomorphes à l'origine de $\mathbb{C}^n$ est stric-

tement hensélien.

Théorème 2.- Gardons les notations de la proposition 3. Soit $(\overset{\approx}{A},\alpha)$ la limite inductive du

système inductif des couples $(A_\lambda,\alpha_\lambda)$ où $(\lambda,\alpha_\lambda) \in J$ et soit $i : A \to \overset{\approx}{A}$ le morphisme local

canonique. Alors :

1) $\overset{\approx}{A}$ est strictement hensélien.

2) Pour tout diagramme commutatif en traits pleins du type suivant

$$
\begin{array}{ccccc}
A & \xrightarrow{\ i\ } & \overset{\approx}{A} & \xrightarrow{\ \alpha\ } & \Omega \\
& {\scriptstyle u}\searrow & \Big\downarrow{\scriptstyle \overset{\approx}{u}} & & \Big\downarrow{\scriptstyle j} \\
& & B & \xrightarrow{\ \beta\ } & \Omega'
\end{array}
$$

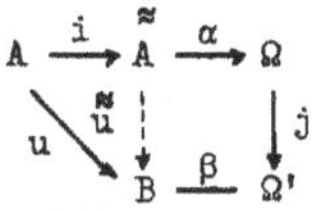

où B est un anneau local strictement hensélien, u un morphisme local, Ω' un corps et

β un morphisme local, il existe un unique morphisme $\overset{\approx}{u} : A \longrightarrow B$ qui rende le diagramme

ci-dessus commutatif.

Démonstration : La démonstration du fait que $\overset{\approx}{A}$ est hensélien est analogue à celle donnée

dans la démonstration du théorème 1. Par ailleurs, pour toute extension finie séparable L

de k_A , on a construit, dans la démonstration du corollaire à la prop.1, une A-algèbre

locale finie, étale sur A , de corps résiduel isomorphe à L. Par suite $k_{\overset{\approx}{A}}$, qui est

la limite inductive des corps résiduels k_{A_λ} , est nécessairement séparablement clos. Il en

résulte que $\overset{\approx}{A}$ est strictement hensélien.

Prouvons maintenant l'assertion 2). Comme B est hensélien et $\tilde{\tilde{A}}$ une A-algèbre ind-étale, il résulte de la prop.1 que l'application canonique :

$$\mathrm{Hom}_A(\tilde{\tilde{A}},B) \to \mathrm{Hom}_{k_A}(k_{\tilde{\tilde{A}}},k_B)$$

est bijective. Soit alors $\bar{\alpha} : k_{\tilde{\tilde{A}}} \to \Omega$ et $\bar{\beta} : k_B \to \Omega'$ les flèches déduites de α et β par passage au quotient. L'existence et l'unicité de u résultent donc du fait qu'il existe un unique morphisme $\bar{u} : k_{\tilde{\tilde{A}}} \to k_B$ qui rende commutatif le carré

$$\begin{array}{ccc} k_{\tilde{\tilde{A}}} & \xrightarrow{\bar{\alpha}} & \Omega \\ {\scriptstyle \bar{u}}\downarrow & & \downarrow{\scriptstyle j} \\ k_B & \xrightarrow{\bar{\beta}} & \Omega' \end{array}$$

__Définition__ 5.- Soit A un anneau local et considérons un quadruplet $(\tilde{\tilde{A}},\Omega,i,\alpha)$ où $\tilde{\tilde{A}}$ est un anneau local strictement hensélien, $i : A \to \tilde{\tilde{A}}$ un morphisme local, Ω une clôture séparable de k_A et $\alpha : \tilde{\tilde{A}} \to \Omega$ un morphisme local. Nous dirons que $(\tilde{\tilde{A}},\Omega,i,\alpha)$ est un __hensélisé strict__ de A si le quadruplet $(\tilde{\tilde{A}},\Omega,i,\alpha)$ satisfait à la propriété universelle décrite dans l'énoncé du théorème 2 2).

D'après ce qui précède, A possède toujours un hensélisé strict $(\tilde{\tilde{A}},\Omega,i,\alpha)$. De plus, si $(\tilde{\tilde{A}}',\Omega',i',\alpha')$ est un autre hensélisé strict de A , l'application canonique $\mathrm{Hom}_A(\tilde{\tilde{A}},\tilde{\tilde{A}}') \to \mathrm{Hom}_{k_A}(\Omega,\Omega')$ est une bijection. En particulier, le groupe des A-automorphismes de l'anneau local $\tilde{\tilde{A}}$ est canoniquement isomorphe au groupe de Galois de l'extension Ω de k_A .

__Notations.__- Soit A un anneau local. Dans la suite nous désignerons par $\tilde{A}$ ou A^h un hensélisé de A . Par abus de langage (et par paresse) nous appellerons encore hensélisé strict de A l'anneau local $\tilde{\tilde{A}}$ qui figure dans le quadruplet $(\tilde{\tilde{A}},\Omega,i,\alpha)$. Nous le noterons également A^{hs}.

§3. Propriété des hensélisés.

Proposition 4 (Fonctorialité des hensélisés).-

1) Soit $u : A \to B$ un morphisme local d'anneaux locaux. Il existe alors un unique morphisme (local) $\tilde{u} : \tilde{A} \to \tilde{B}$ rendant commutatif le diagramme

$$\begin{array}{ccc} A & \xrightarrow{u} & B \\ \downarrow & & \downarrow \\ \tilde{A} & \xrightarrow{\tilde{u}} & \tilde{B} \end{array} .$$

2) Soient $u : A \to B$ un morphisme local d'anneaux locaux, $(\tilde{\tilde{A}},\Omega,i,\alpha)$ un hensélisé strict de A et (B,Ω',j,β) un hensélisé strict de B. Alors, pour tout morphisme $v : \Omega \to \Omega'$ tel que $\beta j u = v \alpha i$, il existe un unique morphisme (local) $\tilde{\tilde{u}} : \tilde{\tilde{A}} \to \tilde{\tilde{B}}$ qui rende commutatif le diagramme

$$\begin{array}{ccccc} A & \xrightarrow{i} & \tilde{\tilde{A}} & \xrightarrow{\alpha} & \Omega \\ u\downarrow & & \tilde{\tilde{u}}\downarrow & & \downarrow v \\ B & \xrightarrow[j]{} & \tilde{\tilde{B}} & \xrightarrow{\beta} & \Omega' \end{array} .$$

Démonstration : Les propriétés résultent immédiatement des propriétés universelles qui caractérisent les hensélisés et les hensélisés stricts.

Proposition 5.- Soit $(A_i)_{i\in I}$ un système inductif filtrant d'anneaux locaux, les morphismes de transition étant locaux et soit $A = \varinjlim A_i$. Soit $\tilde{A}_i$ un hensélisé de A_i. Alors les $\tilde{A}_i$ forment canoniquement un système inductif (prop.4) et $\tilde{A} = \varinjlim \tilde{A}_i$ est un hensélisé de A.

<u>Démonstration</u> : Il résulte d'abord de (chap.I §3 prop.1) que $\varinjlim \tilde{A}_i$ est un anneau local hensélien. D'autre part, il est formel que le morphisme canonique $A \to \varinjlim \tilde{A}_i$ vérifie la propriété universelle qui caractérise un hensélisé de A .

<u>Remarque</u>.- Nous laissons au lecteur le soin de formuler l'analogue de la proposition 5 pour les hensélisés stricts.

<u>Exercices</u>: 1) Soit A un anneau local. Montrer que pour obtenir un hensélisé strict de A , on peut d'abord prendre un hensélisé $\tilde{A}$ de A , puis un hensélisé strict $\tilde{\tilde{A}}$ de $\tilde{A}$; de plus $\tilde{\tilde{A}}$ est entier sur $\tilde{A}$.

2) Soient k un corps, $\bar{k}$ une clôture séparable de k , $k[[T]]$ l'anneau des séries formelles à coefficients dans k , considéré comme sous-anneau de l'anneau $\bar{k}[[T]]$ des séries formelles à coefficients dans $\bar{k}$. Soit R le sous-anneau de $\bar{k}[[T]]$ formé des séries $\sum_{i \geq 0} a_i T^i$ telles l'ensemble des a_i appartienne à un sous-corps de $\bar{k}$, de degré fini sur k . Montrer que R est un hensélisé strict de $k[[T]]$. L'anneau R est-il complet ?

§4. <u>Relations entre un anneau local et un hensélisé ou un hensélisé strict.</u>

<u>Théorème</u> 3.- Soient A un anneau local, B une A-algèbre locale-ind-étale, $\underline{m}$ l'idéal maximal de A , $\underline{n}$ l'idéal maximal de B , q un entier.

1) B est fidèlement plat sur A et $\underline{m}^q B = n^q$. Pour tout idéal premier $\underline{p}$ de A , $B \otimes_A k(p)$ est une $k(p)$-algèbre entière, dont les anneaux locaux sont des extensions algébriques séparables de $k(p)$.

2) B est réduit (resp. normal) si et seulement si A possède la même propriété.

3) B est noethérien si et seulement si A est noethérien et dans ce cas, pour tout idéal premier p de A, $B \otimes_A k(p)$ est un produit <u>fini</u> d'extensions algébriques séparables de k(p).

<u>Démonstration</u> : Les propriétés 1) et 2) résultent immédiatement, par passage à la limite inductive, des propriétés des algèbres étales. Comme B est fidèlement plat sur A, B noethérien $\Longrightarrow$ A noethérien. Compte tenu de 1), la réciproque va résulter du lemme suivant

<u>Lemme</u>.- Soit $(A_\lambda, \varphi_{\lambda,\mu})$ un système inductif filtrant d'anneaux locaux noethériens, tels que les morphismes de transition $\varphi_{\lambda,\mu}$ soient locaux. Notons $\underline{m}_\lambda$ l'idéal maximal de A_λ, de sorte que $A = \varinjlim A_\lambda$ est un anneau local d'idéal maximal $m = \varinjlim m_\lambda$. On suppose que pour tout $\lambda \leqslant \mu$, on a $m_\mu = m_\lambda A_\mu$ et que A_μ est plat sur A_λ. Alors A est noethérien.

Notons d'abord que A est plat sur A_λ (Bourbaki Alg. com. chap.I §2 prop.9) et que $m = \varinjlim m_\mu = \varinjlim_\mu m_\lambda A_\mu = m_\lambda A$. Soit $\hat{A}$ le séparé complété de A pour la topologie $\underline{m}$-adique. Nous allons voir que $\hat{A}$ est noethérien et plat sur A_λ pour tout λ, donc est fidèlement plat. Il en résulte que $\hat{A}$ est fidèlement plat sur A (Bourbaki loc. cit.) et par suite A sera bien noethérien.

L'idéal maximal de $\hat{A}$ est le complété $\hat{\underline{m}}$ de $\underline{m}$ (Bourbaki chap.III §2 prop.19) et pour tout entier n et tout λ on a des isomorphismes

$$\hat{m}^n/\hat{m}^{n+1} = m^n/m^{n+1} = m_\lambda^n A/m_\lambda^{n+1} \otimes_{A_\lambda} A = m_\lambda^n/m_\lambda^{n+1} \otimes_{k_{A_\lambda}} k_A .$$

Comme A_λ est noethérien on en déduit que $\tilde{m}/\hat{m}^2$ est un espace vectoriel de dimension finie sur $k_A = k_{\hat{A}}$. Par suite $\hat{A}$ est noethérien (Bourbaki Alg. com. chap.III §2 Th.2 cor.5). D'autre part, pour tout entier n et tout λ, $\hat{A}/m_\lambda^n\hat{A} = \hat{A}/m^n\hat{A} = A/m^nA$ est plat sur $A_\lambda/m_\lambda^n A_\lambda$ puisque A est plat sur A_λ. On déduit alors de Bourbaki chap.III §5 n°3 prop.1 et n°2 th.1 que $\hat{A}$ est plat sur A_λ.

Corollaire.- A et son hensélisé A^h ont même séparé complété.

Exercice : Avec les notations du théorème 3 montrer que dim A = dim B ; A de Krull (resp. de valuation, resp. régulier, resp. de Cohen Macaulay) $\Longleftrightarrow$ B itou.

Chapitre IX - Anneaux unibranches et géométriquement unibranches.

Soient A un anneau local intègre, A^h un hensélisé de A. Alors A^h n'est pas en général un anneau intègre. Nous allons étudier les idéaux premiers minimaux de A^h.

Proposition 1.- Soient A un anneau local intègre, B le normalisé de A (clôture intégrale de A dans son corps des fractions) et soit $\tilde{A}$ une A-algèbre locale, ind-étale et hensélienne. Alors, il existe une application bijective canonique entre les idéaux premiers minimaux de $\tilde{A}$ et les idéaux maximaux de $\tilde{B} = B \otimes_A \tilde{A}$ (ces derniers correspondent bijectivement aux idéaux premiers de la fibre $\tilde{\tilde{B}} = B \otimes_A k_{\tilde{A}}$, $k_{\tilde{A}}$ désignant le corps résiduel de $\tilde{A}$).

Démonstration : On note $\mathrm{Min}(C)$ l'ensemble des idéaux premiers minimaux d'un anneau C et $\mathrm{Max}(C)$ l'ensemble des idéaux maximaux de C.

a) Comme B est entier sur A, $\tilde{B}$ est entier sur $\tilde{A}$. D'après le théorème de Cohen-Seidenberg, les idéaux maximaux de $\tilde{B}$ sont exactement les idéaux premiers de $\tilde{B}$ au-dessus de l'idéal maximal de $\tilde{A}$. D'où une bijection canonique entre les points de $\mathrm{Max}(\tilde{B})$ et de $\mathrm{Spec}(\tilde{\tilde{B}})$.

b) Comme B est normal et $\tilde{A}$ ind-étale sur A, $\tilde{B}$ est normal. Soit $q \in \mathrm{Max}(\tilde{B})$. Alors $\tilde{B}_q$ est un anneau local normal, donc est intègre ; il y a par suite un seul idéal premier minimal de $\tilde{B}$ contenu dans q (correspondant à (0) dans $\tilde{B}_q$) ; notons le $f(q)$. On a donc défini une application

$$f : \mathrm{Max}(\tilde{B}) \to \mathrm{Min}(\tilde{B})$$

qui est évidemment surjective, car tout idéal premier minimal de $\tilde{B}$ est contenu dans un idéal maximal.

c) Montrons que f est injective. Soient q et q' deux éléments distincts de $\mathrm{Max}(\tilde{B})$. Comme $\tilde{B}$ est entier sur $\tilde{A}$ et $\tilde{A}$ hensélien, il résulte de chap.I §3 prop.2 qu'il existe un idempotent e de $\tilde{B}$ qui prend la valeur 1 dans $\tilde{B}_q$ et la valeur 0 dans $\tilde{B}_{q'}$. Alors $\mathrm{Spec}(\tilde{B})$ est somme disjointe de deux sous-schémas X et X', à la fois ouverts et fermés, tels que $q \in X$ et $q' \in X'$. On a nécessairement $f(q) \in X$ et $f(q') \in X'$, donc $f(q) \neq f(q')$.

d) Nous aurons besoin du lemme suivant :

__Lemme__ 1.- Soit $A \to A'$ un morphisme plat d'anneaux. Alors tout idéal premier minimal de A' est au-dessus d'un idéal premier minimal de A.

En effet, soit $p' \in \mathrm{Min}(A')$ et soit p son image réciproque dans A. Alors le morphisme $A_p \to A'_{p'}$, déduit de $A \to A'$ par localisation, est plat et local, donc fidèlement plat et par suite $\mathrm{Spec}(A'_{p'}) \to \mathrm{Spec}(A_p)$ est surjectif (Bourbaki Alg. com. chap.II §2 prop.11 cor.4), donc p est un idéal premier minimal de A.

Ceci étant, notons K le corps des fractions de A qui est aussi le corps des fractions de son normalisé B. Comme $\tilde{A}$ est une A-algèbre ind-étale, $\tilde{A}$ est plat sur A et par suite $\tilde{B}$ est plat sur B. Il résulte alors du lemme 1 que $\mathrm{Min}(\tilde{A}) = \mathrm{Min}(\tilde{A} \otimes_A K)$ et $\mathrm{Min}(\tilde{B}) = \mathrm{Min}(\tilde{B} \otimes_B K)$. Mais le morphisme canonique $\tilde{A} \otimes_A K \to \tilde{B} \otimes_B K$ est un isomorphisme, de sorte que l'on a une bijection canonique $\mathrm{Min}(\tilde{A}) \xrightarrow{\sim} \mathrm{Min}(\tilde{B})$. Finalement on obtient une bijection canonique entre $\mathrm{Min}(\tilde{A})$ et $\mathrm{Max}(\tilde{B})$, d'où la proposition.

<u>Corollaire</u> 1.- Soient A un anneau local intègre, B son normalisé.

1) Si A^h est un hensélisé de A, il y a une correspondance bijective canonique entre les idéaux premiers minimaux de A^h et les idéaux maximaux de B. En particulier, A^h est <u>intègre</u> si et seulement si B <u>est local</u>.

2) Si A^{hs} est un hensélisé strict de A et si $\bar{k}_A$ désigne une clôture séparable de k_A, il y a une bijection entre les idéaux premiers minimaux de A^{hs} et les idéaux premiers de $B \otimes_A \bar{k}_A$. En particulier A^{hs} est intègre si et seulement si B est local et si son corps résiduel k_B est une extension radicielle de k_A.

<u>Démonstration</u> : 1) Gardons les notations de la proposition 1. Si l'on prend pour $\tilde{A}$ un hensélisé A^h de A, on a $k_{\tilde{A}} = k_A$ et par suite $\tilde{\bar{B}} = \bar{B}$. Comme B est entier sur A, $\mathrm{Max}(B)$ est en correspondance bijective avec $\mathrm{Spec}(\bar{B})$. Il résulte alors de la proposition 1 que l'on a une bijection canonique entre $\mathrm{Max}(B)$ et $\mathrm{Min}(A^h)$.

Par ailleurs, comme A est intègre, il est réduit et il en est de même de A^h (chap.VII th.3). Donc A^h est intègre si et seulement si $\mathrm{Min}(A^h)$ a un seul élément. Il revient au même de dire $\mathrm{Max}(B)$ a un seul élément, c'est-à-dire que B est local.

2) Le fait qu'il y ait une bijection entre les idéaux premiers minimaux de A^{hs} et les idéaux premiers de $B \otimes_A \bar{k}_A$ résulte encore de la proposition 1, où l'on prend $\tilde{A} = A^{hs}$.

Soit alors q_i, $i \in I$, la famille des idéaux maximaux de B. Pour tout $i \in I$, notons k_i le corps résiduel de B_{q_i}. Alors k_i est une extension algébrique de k_A et le nombre d'idéaux premiers de $k_i \otimes_{k_A} \bar{k}_A$ est égal au degré séparable de k_i sur k_A, noté

$[k_i : k_A]_s$. Par suite, le nombre d'idéaux premiers minimaux de A^{hs} est égal à $\sum_{i\in I} [k_i : k_A]_s$. En particulier A^{hs} est intègre, si et seulement si on a card $I = 1$ (c'est-à-dire si B est local) et $[k_B : k_A]_s = 1$ (c'est-à-dire si k_B est une extension radicielle de k_A).

Définition 1.- Soit A un anneau local. On dit que A est unibranche s'il vérifie les conditions équivalentes suivantes

(1) A_{red} est intègre et son normalisé est local.

(2) A^h a un seul idéal premier minimal.

Définition 2.- Soit A un anneau local. On dit que A est géométriquement unibranche s'il vérifie les conditions équivalentes suivantes

(1) A_{red} est intègre et son normalisé est local à extension résiduelle radicielle.

(2) A^{hs} a un seul idéal premier minimal.

Exemples : Si A est normal, A est géométriquement unibranche.

§2. Compléments sur les courbes.

Proposition 2.- Soient A un anneau local, noethérien, réduit, B le normalisé de A et A^{hs} un hensélisé strict de A .

Les propositions suivantes sont équivalentes :

1) B est net sur A .

2) Les "composantes irréductibles" de A^{hs} sont normales.

Démonstration : Comme A^{hs} est fidèlement plat sur A , B est net sur A si et seulement si $B \otimes_A A^{hs}$ est net sur A^{hs} . Comme A^{hs} est ind-étale sur A , $B \otimes_A A^{hs}$ est le normalisé de A^{hs} dans son anneau total de fractions. Il suffit donc d'établir la proposition 2 dans le cas où A est strictement hensélien. Soit p_i , $i \in I$, la famille finie des idéaux premiers minimaux de A et soit B_i le normalisé de l'anneau intègre A/p_i . Alors $B = \prod_{i \in I} B_i$.

2) $\Longrightarrow$ 1). Si les composantes irréductibles A/p_i de A sont normales, on a $B_i = A/p_i$ pour tout i . Comme A/p_i est un quotient de A , A/p_i est net sur A et par suite $B = \prod A/p_i$ est net sur A .

1) $\Longrightarrow$ 2). Supposons que B est net sur A . Alors chaque B_i est net sur A et en particulier est de type fini sur A . Comme B_i est entier sur A , B_i est même fini sur A . Par ailleurs A est hensélien, donc B_i étant intègre est nécessairement local. Par hypothèse B_i est net sur A , donc (chap.V Th.1 cor.1), B_i est quotient d'une A-algèbre étale C , que l'on peut prondre locale, puisque B_i est local. Comme A est strictement hensélien, le morphisme $A \to C$ est nécessairement un isomorphisme, par suite le morphisme $A \to B_i$ est surjectif donc le morphisme $A/p_i \to B_i$ est bijectif, et A/p_i est normal.

Définition 1.- Soit A local, noethérien, réduit, de dimension 1. Si les conditions précédentes sont réalisées on dit que la singularité de A est non cuspidale.

Exemples : 1) singularité cuspidale.

$$A = (k[X,Y]/(Y^2-X^3))_{(0)}$$

(la courbe a un point de rebroussement (cusp) en 0).

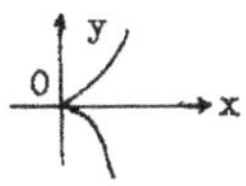

2) singularité non cuspidale

$A = (k[X,Y]/((X+Y)(X-Y)+X^3))_{(0)}$

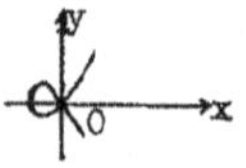

(point double à tangentes distinctes).

Exercices : 1) Soient k un corps, $k[X,Y]$ l'anneau des polynômes à deux variables à coefficients dans k , C une courbe algébrique plane d'équation $f(X,Y) = 0$, passant par l'origine $(X=Y=0)$. On peut donc écrire

$$f(X,Y) = p_n(X,Y) + R(X,Y)$$

où $p_n(X,Y)$ est un polynôme homogène non nul de degré $n \geqslant 1$ et $R(X,Y)$ a tous ses termes non nuls de degré $\geqslant n+1$.

a) La courbe C a au plus n "branches" passant par l'origine (c'est-à-dire l'hensélisé strict de C à l'origine a au plus n idéaux premiers minimaux).

b) La singularité de C à l'origine est non cuspidale si et seulement si il y a exactement n branches de C passant par l'origine.

c) Si $p_n(X,Y) = 0$ est l'équation de n droites distinctes (sur une clôture algébrique de k) , la courbe à n branches distinctes passant par l'origine et l'équation $p_n(X,Y) = 0$ est l'équation des tangentes à ces n-branches. De plus, dans ce cas l'hensélisé strict à l'origine de C est isomorphe à l'hensélisé strict à l'origine de la courbe d'équation $p_n(X,Y) = 0$ (autrement dit localement pour la "topologie étale" la courbe C est isomorphe, au voisinage de l'origine, à la courbe d'équation $p_n(X,Y) = 0$).

Chapitre X - Action d'un groupe fini sur un anneau.

§1. Soit R un anneau sur lequel opère un groupe fini G. On note R^G le sous-anneau de R formé des éléments invariants sous G. On rappelle que R est entier sur R^G et que si p est un idéal premier de R^G, G opère transitivement sur les idéaux premiers q de R au-dessus de p (Bourbaki Alg. com. Chap.V §2 th.2). Soit q un idéal premier de R. Le groupe de décomposition en q est le sous-groupe D_q de G qui laisse fixe globalement l'idéal q. Alors D_q opère sur le corps $k(q)$ et le sous-groupe invariant I_q de D_q, qui laisse fixe les éléments de $k(q)$, est le groupe d'inertie en q.

Théorème 1.- Soit C un anneau sur lequel opère un groupe fini G et soit H un sous-groupe de G. Posons $B = C^H$ et $A = C^G$, de sorte que l'on a les inclusions $A \subset B \subset C$. Soient r un idéal premier de C, q son image réciproque dans B, p son image réciproque dans A.

1) Si H contient le sous-groupe d'inertie I_r en r, il existe $f \in B-q$, tel que B_f soit étale sur A.

2) Réciproquement, si B est nette sur A au voisinage de q, et si C est intègre, I_r opère trivialement sur B.

1er cas. A est local strictement hensélien, d'idéal maximal p. Posons $k = k(p)$.

Dans ce cas, le groupe de décomposition D_r est égal au groupe d'inertie I_r. Comme C est entier sur A hensélien, la A-algèbre semi-locale C est produit de ses composants locaux (C_m) où m parcourt l'ensemble M des idéaux maximaux de C. Le stabilisateur de C_r et le groupe d'inertie $I_r = I$.

On peut reconstituer l'action de G sur C à partir de l'action de I sur C_r grâce au lemme immédiat suivant :

Lemme 1.- Soit $\mathrm{Hom}^I(G,C_r)$ le sous-ensemble des applications de G dans C_r telles que $u(gi) = i^{-1}u(g)$ $\forall g \in G$ et $\forall i \in I$. Faisons opérer G sur $\mathrm{Hom}^I(G,C_r)$ par la formule

$$^h u(g) = u(h^{-1}g) \qquad \forall h \text{ et } g \in G .$$

Alors on a un isomorphisme canonique, compatible avec les actions de G :

$$\varphi : C \xrightarrow{\sim} \mathrm{Hom}^I(G,C_r)$$

qui à $c \in C$ fait correspondre la fonction $u : g \mapsto (g^{-1}c)_r$.

On en déduit le corollaire suivant :

Corollaire 1.- Soit C_r^I le sous-anneau de C_r, fixe sous l'action de I. Alors, l'application composée :

$$C \xrightarrow{\varphi} \mathrm{Hom}^I(G,C_r) \longrightarrow C_r$$
$$u \longmapsto u(1_G)$$

induit un isomorphisme $\tilde{\varphi}$ de $A = C^G$ sur C_r^I.

Soit B_q le composant local de B en q. Alors les idéaux maximaux de C_q correspondent aux idéaux premiers de C au-dessus de q, donc sont ceux de la forme hr, $h \in H$. Le sous-groupe d'inertie de H en r est évidemment $H \cap I$. On peut appliquer les considérations qui précèdent en remplaçant A par B_q, C par C_q, G par H et I par $H \cap I$. On obtient donc un isomorphisme

$$\Psi : C_q \xrightarrow{\sim} \mathrm{Hom}^{H\cap I}(H, C_r)$$

tel que le morphisme composé

$$C_q \xrightarrow{\Psi} \mathrm{Hom}^{H\cap I}(H, C_r) \longrightarrow C_r$$
$$v \longmapsto v(1_H)$$

induise un isomorphisme $\tilde{\Psi}$ de $B_q = C_q^H$ sur $C_r^{H\cap I}$. Il en résulte que le morphisme canonique $A \to B_q$ s'identifie au morphisme canonique $C_r^I \to C_r^{H\cap I}$ et par suite est un isomorphisme si $H \supset I$. A fortiori, B est étale sur A au voisinage de q.

<u>Cas général</u>. Soit $\tilde{A}$ un hensélisé strict de A en p et considérons $\tilde{A}$ comme limite inductive filtrante de A_p-algèbres locales-étales A_i. On pose $C_i = C \otimes_A A_i \ldots$, $\tilde{C} = C \otimes_A \tilde{A} \ldots$ Notons que la formation de A^G et A^H commute aux extensions plates $A \to A'$. Soit $\tilde{r}$ un idéal premier de $\tilde{C}$ au-dessus de r, r_i l'image réciproque de $\tilde{r}$ dans C_i. On définit de manière évidente les idéaux premiers, q_i, p_i, $\tilde{q}$ et $\tilde{p}$. Notons que le groupe d'inertie I se conserve par passage de r à r_i et $\tilde{r}$.

Pour i assez grand, les idempotents élémentaires qui définissent la décomposition de $\tilde{C}$ apparaissent déjà dans C_i. On peut alors appliquer le lemme 1 et son corollaire en remplaçant A par A_i. On conclut que B_i est étale sur A_i au voisinage de q_i pour i assez grand.

On peut supposer que A_i est le localisé en un idéal premier p' d'une A-algèbre étale A'. Posons $C' = C \otimes_A A' \ldots$

Considérons $A'_{p'}$ comme limite inductive filtrante des A'_f avec f dans $A'-p'$. Quitte alors à remplacer A' par A'_f où f est un élément convenable de $A'-p'$, on peut supposer que les idempotents élémentaires de $C'_{p'}$, se relèvent en une famille e_m , $m \in M$, d'idempotents de C', deux à deux orthogonaux (où M est la famille des idéaux premiers de C' au-dessus de p'). On peut de plus supposer que G opère transitivement sur les e_m , auquel cas, le stabilisateur de l'idempotent $e_{r'}$ qui vaut 1 en r', est nécessairement égal à I . Dans ces conditions, le lemme 1 et son corollaire sont valables en remplaçant C par C' et C_r par le facteur direct $C'(r')$ de C', sur lequel l'idempotent $e_{r'}$ prend la valeur 1 . On conclut que $C'(r')$ est isomorphe à A', donc B' est étale sur A' au voisinage de q'.

Soit donc $f' \in B'-q'$ tel que $B'_{f'}$ soit étale sur A'. Comme A' est étale sur A , $B'_{f'}$ est étale sur A et $B'_{f'}$ est étale sur B . Par suite, l'image de $\mathrm{Spec}(B'_{f'})$ dans $\mathrm{Spec}(B)$ est un ouvert (chap.V Th.3) qui contient q . Quitte alors à changer f', on peut supposer qu'il existe $b \in B-q$, tel que $B'_{f'}$ soit fidèlement plat et étale sur B_b . Il résulte alors du lemme ci-après que B_b est étale sur A , ce qui achève la démonstration de l'assertion 1) du théorème.

<u>Lemme</u> 2.- Soient $A \to B \to C$ des morphismes d'anneaux. On suppose C étale et fidèlement plat sur A . Alors si C est de type fini sur A (resp. de présentation finie, net, étale), B est de type fini sur A (resp. de présentation finie, net, étale).

a) Supposons C de type fini sur A et montrons que B est de type fini sur A . Pour cela écrivons B comme limite inductive filtrante de ses sous-A-algèbres de type fini B_i , $i \in I$. Pour i assez grand, il existe une B_i-algèbre étale C_i telle que

$C \simeq C_i \otimes_{B_i} B$ (cf. chap.V exercice). L'image de $\mathrm{Spec}(C_i)$ dans $\mathrm{Spec}(B_i)$ est un ouvert (chap.V Th.3) et la démonstration de loc. cit. montre que cet ouvert est quasi-compact (i.e. réunion d'un nombre fini d'ouverts affines). Il revient au même de dire que son complémentaire est un fermé de la forme $V(a_i)$, où a_i est un idéal de type fini de B_i. Comme C est fidèlement plat sur B, on a $a_i B = B$, par suite $a_i B_j = B_j$ pour j assez grand. Bref, on peut supposer $\mathrm{Spec}(C_i) \to \mathrm{Spec}(B_i)$ surjectif, donc C_i fidèlement plat sur B_i.

On a $C = \varinjlim C_i$. Comme C_i est plat sur B_i et B_i contenu dans B, C_i est contenu dans C. Par suite si C est de type fini sur A, on a $C_i = C$ pour i assez grand et par fidèle platitude, on conclut que $B_i = B$, donc B est de type fini sur A.

b) Supposons C de présentation finie sur A. D'après a), on peut écrire B comme quotient d'une A-algèbre de polynômes $A[T_1,\dots,T_n]$ par un idéal J. Considérons J comme limite inductive de ses sous-idéaux de type fini J_i et soit $B_i = A[T_1,\dots,T_n]/J_i$. Comme plus haut, on voit que C provient d'une B_i-algèbre étale C_i, fidèlement plate sur B_i, pour i assez grand. Comme C est de présentation finie sur A, les morphismes surjectifs $C_i \to C$ sont bijectifs pour i assez grand. Par fidèle platitude, on conclut que $B_i = B$.

c) Cas net et cas étale. Si C est plat sur A et fidèlement plat sur B, B est plat sur A. Compte-tenu de ce qui précède, pour voir que C net (resp. étale) sur A entraîne la même propriété pour B, il suffit alors de vérifier que les fibres de B au-dessus de A sont étales, ce qui nous ramène au cas où A est un corps k. Alors B est une sous-algèbre d'une k-algèbre étale, donc est évidemment un k-algèbre étale.

Prouvons maintenant l'assertion 2) du théorème 1. Soit $g \in I$. Considérons les deux A-morphisme u et v de B dans C tels que u soit l'injection canonique et v soit le composé de u et de la translation par g. Soit $\pi : C \to k(r)$ le morphisme canonique. Comme $g \in I$, on a $\pi o u = \pi o v$. Si B est nette sur A au voisinage de q, il résulte alors du chap.VIII prop.1 lemme 2 qu'il existe $f \in C-r$, tels que les morphismes $B \overset{u}{\underset{v}{\rightrightarrows}} C \longrightarrow C_f$ coïncident. Si de plus C est intègre, C se plonge dans C_f et on a alors $u = v$, donc g opère trivialement sur B.

<u>Corollaire</u> 1 (globalisation).- Soit G un groupe fini qui opère sur un anneau C et soit $A = C^G$.

1) Si G opère sans inertie sur C (i.e. si pour tout idéal premier r de C, le groupe d'inertie I_r est le groupe unité), alors C est fini et étale sur A.

2) Supposons que G opère fidèlement sur C, que $\mathrm{Spec}(C)$ est connexe et que C est net sur A, alors G opère sans inertie.

<u>Démonstration</u> : 1) Il résulte du théorème 1 que C est étale sur A, donc est de type fini sur A, comme de plus C est entier sur A, C est fini sur A.

2) Soit r un idéal premier de C et g un élément du groupe d'inertie I_r. Soient u et v les automorphismes de $\mathrm{Spec}(C)$ égaux respectivement à l'identité et à la translation par g. Il leur correspond un morphisme $w : \mathrm{Spec}(C) \to \mathrm{Spec}(C \otimes_A C)$. Le sous-schéma F des coïncidences de u et v est l'image réciproque par w de la diagonale de $\mathrm{Spec}(C \otimes_A C)$. Si C est net sur A, F est un sous-schéma à la fois ouvert et fermé de

Spec(C) (chap.III prop.9). Vu le choix de g , on a $r \in F$. Comme Spec(C) est supposé connexe, on a donc $F = \mathrm{Spec}(C)$. Il en résulte que $u = v$, donc g opère trivialement sur C . Mais G opère fidèlement sur C , donc g est l'élément neutre et G opère sans inertie.

<u>Corollaire</u> 2.- Si G opère sans inertie sur C noethérien, alors $A = C^G$ est noethérien.

En effet C est fidèlement plat sur A .

<u>Exemple</u> : Soit k un corps, n entier > 0 et faisons opérer le groupe symétrique S_n sur $k[T_1,\dots,T_n] = C$ par permutation des T_i . Alors on sait que l'anneau A des invariants et l'anneau des polynômes en les fonctions symétriques élémentaires des T_i . De plus il résulte du théorème 1 que C est étale sur A exactement en dehors du fermé d'équation $\Pi(T_i - T_j) = 0$ $(1 \leqslant i < j \leqslant n)$.

<u>Exercices</u> : 1) Reprenons les notations du théorème 1 et supposons que H contienne le groupe de décomposition D_r , alors B est étale sur A au voisinage de q et $k(q) = k(p)$.

2) Soit A un anneau, n un entier $\geqslant 3$ et faisons opérer le groupe symétrique S_n sur l'anneau produit $C = A^n$ par permutation des facteurs. Montrer que C est étale sur le sous-anneau des invariants, bien que S_n opère avec inertie.

§2. <u>Nouvelle description de l'hensélisé et de l'hensélisé strict dans le cas normal.</u>

<u>Théorème</u> 2.- Soit **A** un anneau local normal, d'idéal maximal p et de corps des fractions K . Soit $\bar{K}$ une clôture séparable de K , de sorte que le groupe de Galois G de $\bar{K}$ sur K opère sur la clôture intégrale C de **A** dans $\bar{K}$. Soit r un idéal maximal de C , D le sous-groupe de décomposition de G en r et I le sous-groupe d'inertie. Posons $B = C^D$ et $B' = C^I$. Soient q l'image réciproque de r dans B et q' l'image réciproque de r dans B'. Alors B_q est un hensélisé de **A** et $B'_{q'}$ est un hensélisé strict de **A** .

Etudions le cas de l'hensélisé strict, l'hensélisé se traite de manière analogue compte tenu de l'exercice 1) ci-dessus.

a) Considérons $\bar{K}$ comme limite inductive de ses sous-K-extensions finies galoisiennes K_i . Soit C_i le normalisé de **A** dans K_i de sorte que le groupe de Galois G_i de K_i/K opère sur C_i . Notons r_i l'image réciproque de r dans C_i et I_i le sous-groupe d'inertie de G_i en r_i . Enfin soit $B'_i = C_i^{I_i}$ et soit q'_i l'image réciproque de r_i dans B'_i . Alors $G = \varprojlim G_i$, $I = \varprojlim I_i$, $C = \varinjlim C_i$, $B'_{q'} = \varinjlim (B'_i)_{q'_i}$. D'autre part, il résulte du théorème 1 que B'_i est étale sur **A** au voisinage de q'_i ; par suite $B'_{q'}$ est ind-locale-étale sur **A** . Compte-tenu de la description d'un hensélisé strict de **A** (chap.VIII prop.3), pour voir que $B'_{q'}$ est un hensélisé strict de **A** , il suffit de montrer que si E est une **A**-algèbre locale-étale, alors il existe un **A**-morphisme $u : E \to B'_{q'}$, ou encore E est majorée par une **A**-algèbre du type $(B'_i)_{q'_i}$.

Par définition, E est de la forme $A'_{p'}$ où A' est une **A**-algèbre étale et p' est un idéal premier au-dessus de p . Comme **A** est normal, A' est normal, donc $A'_{p'}$ est intègre. Quitte à localiser A' suivant un élément convenable de $A'-p'$, on peut supposer A' intègre. Le corps des fractions K' de A' est alors une extension finie séparable de K et il résulte immédiatement du Main theorem de Zariski (chap.IV), que l'on peut supposer A' de la forme $(A")_f$ où $A"$ est la clôture intégrale de A dans K'. Soit $p"$ l'idéal premier de $A"$ image réciproque de p'. Soient L l'extension galoisienne de K engendrée par K', $G"$ le groupe de Galois de L/K, $H"$ le groupe de Galois de L/K', $C"$ la clôture intégrale de A dans L, $r"$ un idéal premier de $C"$ au-dessus de $p"$ et $I"$ le sous-groupe d'inertie de $G"$ en $r"$. Alors on a $A" = (C")^{H"}$ et il résulte du théorème 1, 2) que $H"$ contient $I"$. Par suite, on a $A" \subset (C")^{I"} = B"$. Soit $q"$ l'image réciproque de $r"$ dans $B"$. Alors $B"_{q"}$ majore $A"_{p"} = E$. D'autre part, il est clair que $B"_{q"}$ est A-isomorphe à une algèbre locale-étale du type $(B'_i)_{q'_i}$, d'où le théorème.

Chapitre XI - couples henséliens.

§1. Algèbres étales et relèvement des idempotents.

Définition 1.- Dans ce chapitre un couple (A,I) consiste en la donnée d'un anneau A et d'un idéal I de A. On pose $\bar{A} = A/I$. Un morphisme de couples $u : (A,I) \to (A',I')$ est la donnée d'un morphisme d'anneaux $A \to A'$, noté encore u, tel que $u(I) \subset I'$. On note $\bar{u} : \bar{A} \to \bar{A}'$, le morphisme déduit de u par passage au quotient. Le morphisme de couples u est strict si $u(I)A' = I'$.

Définition 2.- Soit (A,I) un couple. Un voisinage étale de (A,I) est la donnée d'un couple (A',I') et d'un morphisme strict $u : (A,I) \to (A',I')$ tel que A' soit étale sur A et tel que $\bar{u} : \bar{A} \to \bar{A}' = A' \otimes_A \bar{A}$ soit un isomorphisme. (De même si S est un schéma et $\bar{S}$ un sous-schéma fermé de S, un voisinage étale de $\bar{S}$ dans S est un morphisme étale $S' \to S$ qui est un isomorphisme au-dessus de $\bar{S}$).

On se propose dans ce chapitre de définir et d'étudier les couples henséliens (A,I). C'est là une généralisation de la notion d'anneau local hensélien. Ces derniers correspondent aux couples henséliens (A,I) dans lesquels A est local et I est l'idéal maximal.

La théorie repose sur le résultat fondamental suivant :

Théorème 1.- Soient (A,I) un couple, B une A-algèbre finie, $\bar{e}$ un idempotent de $\bar{B} = B/IB$. Alors il existe un voisinage étale (A',I') de (A,I) tel que, si $B' = B \otimes_A A'$, l'image $\bar{e}'$ de $\bar{e}$ dans $\bar{B}' = B'/I'B' \simeq \bar{B}$, se relève en un idempotent e' de B'.

Démonstration.

1) Réduction au cas où B est une A-algèbre monogène. Soient x un élément de B qui relève $\bar{e}$, $C = A[x]$ la sous-A-algèbre de B engendrée par x et $\bar{C} = C/IC$. Alors le morphisme canonique $\mathrm{Spec}(B) \to \mathrm{Spec}(A[x])$ est surjectif (going down de Cohen-Seidenberg) et par suite il en est de même de $\mathrm{Spec}(\bar{B}) \to \mathrm{Spec}(\bar{C})$. Notons $\bar{x}$ l'image de x dans $\bar{C}$. Par construction l'image de $\bar{x}$ dans $\bar{B}$ est l'idempotent $\bar{e}$. Il en résulte que les sous-schémas fermés $V(\bar{x})$ et $V(1-\bar{x})$ de $\mathrm{Spec}(\bar{C})$ sont disjoints et recouvrent $\mathrm{Spec}(\bar{C})$. Il existe donc un idempotent $\bar{f}$ de $\bar{C}$ dont l'image dans $\bar{B}$ est $\bar{e}$. Il est clair alors qu'il suffit d'établir le théorème pour l'algèbre monogène C et l'idempotent $\bar{f}$.

2) Réduction au cas où A est de type fini sur $\mathbf{Z}$. Soit P un polynôme unitaire de $A[X]$, annulé par un générateur x de B . Posons $C = A[X]/(P)$, de sorte que B est quotient de C par un idéal J . Considérons J comme limite inductive filtrante de ses sous-idéaux de type fini J_α et soit $C_\alpha = C/J_\alpha$. Alors $B = \varinjlim C_\alpha$ et $\bar{B} = \varinjlim \bar{C}_\alpha$. Par suite l'idempotent $\bar{e}$ provient d'un idempotent $\bar{e}_\alpha$ de $\bar{C}_\alpha$ pour α assez grand. Quitte alors à remplacer B par C_α , on peut supposer B de présentation finie sur A .

De même, considérons l'idéal I de A comme limite inductive de ses sous-idéaux de type fini I_α . Alors $\bar{B} = \varinjlim B/I_\alpha B$ et l'idempotent $\bar{e}$ provient d'un idempotent $\bar{e}_\alpha$ de $B/I_\alpha B$ pour α assez grand. Comme un voisinage étale (A',I'_α) de (A,I_α) définit, par restriction, un voisinage étale de (A,I) , on voit que l'on est ramené au cas où I est de type fini.

Considérons A comme limite inductive filtrante de ses sous-$\mathbb{Z}$-algèbres de type fini A_α, qui contiennent un système de générateurs donné de I, et soit I_α l'idéal de A_α engendré par ces générateurs. Alors $(A,I) = \varinjlim (A_\alpha, I_\alpha)$. Pour α assez grand, il existe une A_α-algèbre B_α, finie, monogène telle que $B \simeq B_\alpha \otimes_{A_\alpha} A$ et on peut supposer que l'idempotent $\bar{e}$ de $\bar{B}$ provient d'un idempotent de $B_\alpha / I_\alpha B_\alpha$. On est donc ramené au cas où A_α est de type fini sur $\mathbb{Z}$.

3) Posons $S = \mathrm{Spec}(A)$, $\bar{S} = \mathrm{Spec}(\bar{A})$, $X = \mathrm{Spec}(B)$, $\bar{X} = \mathrm{Spec}(\bar{B})$. Soient $J = \mathrm{Ker}\, A \to B$ et $Y = V(J)$ de sorte que $X \to Y$ est surjectif. Nous allons procéder par récurrence sur la dimension de Krull de $Y-\bar{S}$.

a) Si $\dim(Y-\bar{S}) \leqslant 0$, Y est ensemblistement contenu dans $\bar{S}$, donc $B_{red} = \bar{B}_{red}$ et le théorème résulte du relèvement infinitésimal des idempotents (chap.I §2).

Supposons $\dim(Y-\bar{S}) = n \geqslant 0$ et le théorème démontré pour les valeurs strictement inférieures à n.

b) Réduction au cas où S, X (et par suite Y) sont réduits. Supposons avoir résolu le problème pour B_{red} à l'aide d'un voisinage étale (A_o, I_o) de (A_{red}, IA_{red}). Soit A' l'unique A-algèbre étale qui relève A_o (chap.V th.4). Alors (A', IA') est un voisinage étale de (A,I) et il résulte encore des propriétés de relèvement infinitésimal des idempotents que (A', I') est solution du problème posé.

c) Lemme 1.- Soient A un anneau noethérien réduit de type fini sur $\mathbb{Z}$, I un idéal de A, B une A-algèbre finie monogène. On suppose

i) B est plat sur A en dehors de $V(I)$ et A est normal en dehors de $V(I)$.

ii) L'idéal de B formé des éléments annulés par une puissance de I est nul (autrement dit $\mathrm{Ass}(B)$ est au-dessus de $\mathrm{Spec}(A)-V(I)$, donc au-dessus de $\min(A)$ d'après i)).

Soit $\bar{e}$ un idempotent de $\bar{B} = B/IB$. Alors, il existe un élément t de B , qui relève $\bar{e}$, un entier $m \geqslant 0$ et un polynôme unitaire P de $A[X]$, annulé par t , tel que

$$P \equiv (X^2-X)^m \mod I .$$

Démonstration du lemme : Soit p_i , $i=1,\dots,r$ l'ensemble des idéaux premiers minimaux de A. Posons $A_i = A/p_i$. Soient $\tilde{A}_i$ le normalisé de A_i , $\tilde{A} = \Pi \tilde{A}_i$, $\tilde{I} = I\tilde{A}$, $\tilde{I}_i = I\tilde{A}_i$, $\tilde{B}_i = B \otimes_A \tilde{A}_i$, $\tilde{B} = B \otimes_A \tilde{A} = \Pi \tilde{B}_i$. Soit T_i l'idéal de $\tilde{B}_i$ formé des éléments annulés par une puissance de $\tilde{I}_i$ et soit $\underline{B}_i = \tilde{B}_i/T_i$. Enfin soient x un générateur de B et $\tilde{x}$, $\tilde{x}_i$, $\underline{x}_i$ les images respectives de x dans $\tilde{B}$, $\tilde{B}_i$ et $\underline{B}_i$.

Comme A est excellent (EGA IV.7), $\tilde{A}$ est de type fini sur A ; d'autre part, A étant normal en dehors de $V(I)$, $\mathrm{Spec}(\tilde{A}) \to \mathrm{Spec}(A)$ est un isomorphisme en dehors de $V(I)$. Il en résulte que le conducteur c de $\tilde{A}$ relativement à A contient une puissance de I . Vu la propriété de relèvement infinitésimal des idempotents, il est loisible, pour démontrer le lemme 1, de remplacer I par une puissance. On peut donc supposer que c contient I , et quitte à remplacer I par $\tilde{I}$, que $I = \tilde{I}$.

Nous utiliserons le lemme suivant (Hamet Seydi).

Lemme 2.- Soient A un anneau normal intègre de corps des fractions K , B une A-algèbre finie, monogène, sans torsion, et $P \in K[X]$ le polynôme caractéristique sur K d'un générateur x de B . Alors $P \in A[X]$ et B est isomorphe à $A[X]/P$.

Le fait que les coefficients de P soient dans A vient de ce que A est normal (Bourbaki Alg. com. chap.V §1 prop.17 cor.1). D'après Hamilton-Cayley, $P(x)$ est nul dans $B\otimes_A K$, donc est nul puisque B est sans torsion. On a donc un morphisme $A[X]/P \to B$ qui est surjectif puisque x engendre B, et qui est bijectif après tensorisation par K (pour des raisons de dimension), donc il est bijectif, $A[X]/P$ étant sans torsion.

Nous pouvons appliquer le lemme 2 à chacune des A_i-algèbres $\underline{B}_i$; en particulier, $\underline{B}_i$ est libre sur A_i. Notons m_i le rang de $\underline{B}_i$.

Soit alors t un élément de B qui relève l'idempotent $\bar{e}$ et soit $y = t^2-t$. Alors $y \in IB$. Notons $\underline{y} = (\underline{y}_1,\dots,\underline{y}_r)$ son image dans $\underline{B} = \Pi\, \underline{B}_i$. Alors $\underline{y}_i \in I\underline{B}_i$. Par suite le polynôme caractéristique P_i de $\underline{y}_i$ dans la A_i-algèbre libre $\underline{B}_i$ est un polynôme unitaire de $A_i[Y]$, de degré m_i, tel que $P_i \equiv Y^{m_i} \mod IA_i$.

Posons $m = \sup(m_i)$ et $Q_i = Y^{m-m_i} Q_i$, $i=1,\dots,r$. Alors la famille des polynômes Q_i définit un polynôme $Q \in \tilde{A}[Y]$, unitaire de degré m, tel que $Q \equiv Y^m \mod \tilde{I}$, et qui est annulé par $\underline{y}$. Mais $\tilde{I}$ est contenu dans le conducteur de $\tilde{A}$ relativement à A, donc on a en fait $Q \in A[Y]$ et $Q(y)$ est annulé par une puissance de I, donc est nul d'après la condition ii). Enfin, puisque $I = \tilde{I}$, on a $Q \equiv Y^m \mod I$. Il suffit, pour démontrer le lemme, de prendre pour P le polynôme $Q(X^2-X)$.

d) <u>Fin de la démonstration du théorème</u> 1. Dans la partie b), on s'est ramené au cas où X et Y sont réduits. Soit U le sous-schéma ouvert de Y, d'espace $Y-\bar{S}$. Comme Y est réduit et excellent, il existe un ouvert dense de U qui est normal (EGA IV.7). Il est clair par ailleurs que Y étant réduit, X est plat sur Y au-dessus des points génériques des composantes irréductibles de U, donc au-dessus d'un ouvert dense de U. On voit ainsi qu'il existe un ouvert dense V de U qui est normal et au-dessus duquel X est plat. Soit alors J un idéal de A, contenu dans I, qui définit le fermé $\bar{S} \cup (Y-V) = \bar{S} \cup (U-V)$. Soit Z le spectre de B/JB. L'image de Z dans S est donc égale à $Y-V$. Par suite $(Y-V)-\bar{S} = U-V$. Vu le choix de V, on a $\dim(U-V) < \dim(U) = \dim(Y-\bar{S})$. Par hypothèse de récurrence, il existe donc un voisinage étale (A',I') de (A,I) tel que $\bar{e}$ se relève en un idempotent de $B'/J'B'$, où $B' = B\otimes_A A'$ et $J' = JA'$. Posons $S' = \mathrm{Spec}(A')$, $X' = \mathrm{Spec}(B')$. L'image fermée Y' de X' dans S' est alors égale à $Y\times_S S'$. Comme S' est étale sur S, Y' est normal en dehors de $V(J')$ et X' est plat sur Y' en dehors de $V(J')$.

Notons qu'un voisinage étale de (A',J') définit ipso facto un voisinage étale de (A',I') (car $J' \subset I'$) et qu'un voisinage étale de (A',I') est aussi un voisinage étale de (A,I). Quitte alors à remplacer A par A' et I par J', on voit que l'on est ramené au cas où Y est réduit, normal en dehors de $V(I)$ et X plat sur Y en dehors de $V(I)$.

Soit alors T l'idéal de B formé des éléments annulés par une puissance de I et soit $\underline{B} = B/T$. Notons $\underline{\bar{e}}$ l'image de $\bar{e}$ dans $\underline{\bar{B}} = \underline{B}/I\underline{B}$. Supposons avoir relever $\underline{\bar{e}}$ en un idempotent $\underline{e}$ de $\underline{B}$ et montrons que $\bar{e}$ se relève alors en un idempotent de B. Il résulte du lemme d'Artin-Rees (Bourbaki Alg. com. chap.III §3 th.1 cor.1) qu'il existe un entier $k > 0$ tel que $I^k B \cap T = 0$. Quitte à remplacer I par une puissance, on peut supposer $IB \cap T = 0$. On a alors le diagramme commutatif suivant dont les lignes sont exactes :

$$\begin{array}{ccccccccc} 0 & \to & T & \to & B & \to & \underline{B} & \to & 0 \\ & & \wr & & \downarrow & & \downarrow & & \\ 0 & \to & T & \to & \overline{B} & \to & \overline{\underline{B}} & \to & 0 . \end{array}$$

Le fait que $\bar{e}$ se relève en un idempotent de B résulte alors d'un diagram-chasing facile. Ceci étant, quitte à remplacer B par $\underline{B}$, on peut supposer que $T = 0$.

Soit alors R l'anneau de Y (égal à l'image de A dans B). Nous pouvons appliquer le lemme 2 en prenant pour A l'anneau R et pour I l'idéal IR. Il existe donc un élément x de B, qui relève $\bar{e}$ et tel que x soit racine d'un polynôme unitaire $P \in R[X]$ tel que $P \equiv (X^2-X)^m \bmod IR$. Soit Q un polynôme unitaire de $A[X]$ qui relève P et tel que $Q \equiv (X^2-X)^m \bmod I$. Posons $C = A[X]/(P)$. On a donc un morphisme $C \to B$ qui envoie l'image de X sur x. Par ailleurs $\underline{C} = \bar{A}[X]/(X^2-X)^m$. Soit $\bar{f}$ l'unique idempotent de $\bar{C}$ qui vaut 0 sur $V(X)$ et 1 sur $V(1-X)$. Alors il est clair que $\bar{f}$ a pour image $\bar{e}$ dans $\bar{B}$. Il suffit donc de prouver le théorème pour C et $\bar{f}$ ce qui nous ramène au cas où B est une A-algèbre libre.

Considérons alors la A-algèbre étale E, introduite au chapitre I §4, qui représente les idempotents de B. L'idempotent $\bar{e}$ correspond à un A/I-morphisme $\bar{u} : E/IE = \bar{E} \to \bar{A}$. Comme $\bar{E}$ est net sur $\bar{A}$, le morphisme de schéma $\bar{S} \to \mathrm{Spec}(\bar{E})$ défini par u est une immersion à la fois ouverte et fermée. Il existe donc un idempotent $\bar{h}$ de $\bar{E}$ qui vaut 1 aux points de l'image de $\bar{S}$ et 0 ailleurs. Soit h un élément quelconque de E qui relève $\bar{h}$. Alors (E_h, IE_h) est un voisinage étale de (A,I). De plus, comme E représente les idempotents de B, le morphisme canonique $E \to E_h$ correspond à un idempotent de $B \otimes_A E_h$ qui relève $\bar{e}$. Ceci achève la démonstration du théorème 1.

<u>Corollaire</u> 1.- Soient S un schéma affine, $\overline{S}$ un sous-schéma fermé de S , X un S-schéma affine de type fini, tel que $\overline{X} = X \times_S \overline{S}$ soit <u>fini</u> sur S . Alors, il existe un diagramme commutatif

$$\begin{array}{ccc} X & \longleftarrow & Z \\ \downarrow & & \downarrow \\ S & \longleftarrow & S' \end{array}$$

tel que : S' est un voisinage étale affine de $\overline{S}$ dans S .

Z est un voisinage étale de $\overline{X}$ dans X .

Z est <u>fini</u> sur S'.

<u>Démonstration</u> : L'hypothèse entraîne que X est quasi-fini sur S aux points de $\overline{X}$. Il résulte alors du chap.IV th.1 cor.1, qu'il existe $f \in \Gamma(X)$, inversible sur $\overline{X}$, tel que X_f soit quasi-fini sur S . Quitte alors à remplacer X par X_f , on peut supposer X quasi-fini sur S . D'après le Main theorem de Zariski (chap.IV), X est un sous-schéma ouvert d'un S-schéma fini Y . Alors $\overline{X}$ est un sous-schéma ouvert de $\overline{Y} = Y \times_S \overline{S}$, mais comme $\overline{X}$ est fini sur $\overline{S}$, $\overline{X}$ est aussi un sous-schéma fermé de $\overline{Y}$. Soit $\overline{e}$ l'idempotent qui vaut 1 sur $\overline{X}$ et 0 sur $\overline{Y}-\overline{X}$. D'après le théorème 1, il existe un voisinage étale affine S' de $\overline{S}$ dans S , tel que l'idempotent $\overline{e}$ se relève en un idempotent e' de $Y' = Y \times_S S'$. Soit $Y' = Y'_1 \cup Y'_2$ la décomposition correspondante de Y'. Alors $X' = X \times_S S'$ est un ouvert de Y' et $\overline{X}' = \overline{X} \times_S S'$ est égal à $Y'_1 \times_S \overline{S} = \overline{Y}'_1$. Considérons le fermé $Y'_1 - X'$ de Y'_1 . Son image dans S' est un fermé (car Y'_1 est fini sur S'), qui ne rencontre pas $\overline{S}' = \overline{S} \times_S S'$. On voit donc que quitte à remplacer S' par S'_f , où f est un élément convenable de $\Gamma(S')$ inversible sur $\overline{S}'$, on peut supposer que $X' \supset Y'_1$. Alors Y'_1 est

un voisinage étale de $\bar{X}$ dans X et on peut prendre $Y_1' = Z$.

Exemple : Soient $X \to S$ un morphisme de type fini entre schémas affines, s un point de S et n un entier tel que la fibre X_s soit de dimension $\leqslant n$. Alors il existe un diagramme commutatif

$$\begin{array}{ccccc} & & X' & & \\ & \swarrow & & \searrow & \\ X & & & & Y \\ & \searrow & & \swarrow & \\ & & S & & \end{array}$$

dans lequel X' est un voisinage étale affine de X_s dans X , Y est un S-schéma lisse, de dimension relative n , tel que Y_s soit isomorphe au spectre de $k(s)[T_1,\ldots,T_n]$ et tel que X' soit fini sur Y .

En effet, d'après le lemme de normalisation (cf. Bourbaki Alg. com. Chap.V §3 th.1), il existe un morphisme fini $\bar{u} : X_s \to \operatorname{Spec} k(s)[T_1,\ldots,T_n]$. Quitte à restreindre S à un voisinage de s , on peut prolonger $\bar{u}$ en un S-morphisme $u : X \to S[T_1,\ldots,T_n]$. On termine en appliquant le corollaire 1 (en effet un morphisme lisse $Y \to S$, de dimension relative n , est par définition un morphisme qui, localement, est de la forme $Y \to Y' \to S$ où Y est étale sur Y' et Y' est isomorphe à $S[T_1,\ldots,T_n]$).

§2. Couples henséliens. Hensélisation.

Soit (A,I) un couple et considérons la partie multiplicative $S = 1+I$ de A . Alors tout idéal maximal de A_S contient I_S , donc I_S est contenu dans le radical de A_S . Si A est noethérien, (A_S,I_S) est un anneau de Zariski. Nous dirons que (A_S,I_S) est le "localisé" de A en I .

Proposition 1.- Soit (A,I) un couple tel que I soit contenu dans $rad(A)$. Alors les conditions suivantes sont équivalentes :

1) Si B est une A-algèbre finie et si $\bar{e}$ est un idempotent de $\bar{B} = B/IB$, alors $\bar{e}$ se relève en un idempotent de B.

2) Comme dans 1), mais on suppose B libre sur A.

3) Comme dans 1), mais on suppose B de la forme $A[X]/P$, où P est un polynôme unitaire de $A[X]$ tel que $P \equiv (X^2-X)^m \bmod I$.

4) Si P est un polynôme unitaire de $A[X]$, dont l'image $\bar{P}$ dans $\bar{A}[X]$ est de la forme $\overline{QR}$ où $\bar{Q}$ et $\bar{R}$ sont deux polynômes unitaires de $\bar{A}[X]$, fortement étrangers (Bourbaki alg. com. chap.III §4 N°1), alors $P = QR$ où Q et R sont des polynômes unitaires de $A[X]$ qui relèvent respectivement $\bar{Q}$ et $\bar{R}$.

5) Si (A',I') est un voisinage étale de (A,I), il existe un A-morphisme $A' \to A$.

Démonstration : 5) $\Longrightarrow$ 1) résulte immédiatement du théorème 1. On a évidemment 1) $\Longrightarrow$ 2) et 4) $\Longrightarrow$ 3). Pour établir 2) $\Longrightarrow$ 4), on procède comme dans le cas local traité au chapitre I. Enfin le lemme suivant entraîne 3) $\Longrightarrow$ 5).

Lemme 3.- Soit (A',I') un voisinage étale d'un couple (A,I). Alors il existe un entier $m \geqslant 0$, un polynôme unitaire $P \in A[X]$ tel que $P \equiv (X^2-X)^m \bmod. I$ et qui possède la propriété suivante : soit E la A-algèbre étale qui représente les idempotents de $A[X]/(P)$ (chap.I §4), alors il existe $h \in E$, tel que (E_h, IE_h) soit un voisinage étale de (A,I) qui domine (A',I') (i.e. il existe un A-morphisme $A' \to E_h$).

<u>Démonstration du lemme</u> : Procédant comme dans la démonstration du théorème 1, on se ramène, par passage à la limite inductive, au cas où A est de type fini sur $\mathbb{Z}$ donc est quotient de $B = \mathbb{Z}[T_1,\dots,T_n]$ pour un entier n convenable. Notons J l'image réciproque de I dans B. On peut appliquer le corollaire 1 du th.1 avec $S = \mathrm{Spec}(B)$, $\bar{S} = \mathrm{Spec}(B/J) = \mathrm{Spec}(\bar{A})$, et $X = \mathrm{Spec}(A')$ qui est quasi-fini sur S et fini au-dessus de $\bar{S}$. On a donc un diagramme commutatif

$$\begin{array}{ccc} X & \longleftarrow & Z \\ \downarrow & & \downarrow \\ S & \longleftarrow & S' \end{array}$$

où S' est un voisinage étale de $\bar{S}$ dans S, Z est un voisinage étale de $\bar{X} = X\times_S\bar{S}$ dans X et Z est fini sur S'. La démonstration de loc. cit. montre que l'on peut supposer de plus que Z est un sous-schéma ouvert (et fermé) de $X' = X\times_S S'$. Soit alors $T = \mathrm{Spec}(A)$ qui est un sous-schéma fermé de S contenant $\bar{S}$ et notons T' (resp. $\bar{S}'$) les images réciproques respectives de T (resp. $\bar{S}$) dans S'. Par hypothèse, X est un voisinage étale de $\bar{S}$ dans T. Comme Z est un ouvert de X', Z est alors un voisinage étale de $\bar{S}'$ dans T'. Mais par ailleurs Z est fini sur S', donc sur T' ; il en résulte immédiatement que le morphisme $Z \to T'$ est un isomorphisme au-dessus d'un voisinage de $\bar{S}'$. Quitte alors à restreindre S' à un voisinage affine convenable de $\bar{S}'$, on peut supposer que $Z \to T'$ est un isomorphisme. Alors T' domine X et pour établir le lemme, on peut remplacer A' par $\Gamma(T')$. On est donc ramené au cas où A' se relève en un voisinage étale B' de B où $B = \mathbb{Z}[T_1,\dots,T_n]$ est normal. Il suffit évidemment d'établir le lemme pour le voisinage étale B' de (B,J).

On suppose désormais que A est normal, intègre de corps des fractions K . Soient $K' = L\otimes_K A'$ et B' le normalisé de A dans K'. Posons $S = \mathrm{Spec}(A)$, $X = \mathrm{Spec}(A')$, $Y = \mathrm{Spec}(B')$. Il résulte immédiatement du Main theorem de Zariski (chap.IV) et du fait que A' est normal, que le morphisme canonique $B' \to A'$ correspond à une immersion ouverte $X \to Y$. Soient $\bar{S} = \mathrm{Spec}(A/I)$, $\bar{X} = X\times_S\bar{S}$, $\bar{Y} = Y\times_S\bar{S}$. Alors $\bar{X}$ est un sous-schéma ouvert de $\bar{Y}$, mais c'est aussi un sous-sous-schéma fermé de $\bar{Y}$, puisque $\bar{X}$ est fini sur $\bar{S}$ (et même isomorphe à $\bar{S}$). Soit $\bar{e}$ l'idempotent de $B'/IB' = \bar{B}'$ qui vaut 1 sur $\bar{X}$ et zéro ailleurs. Notons t un relèvement de $\bar{e}$ dans B' et soit $y = t^2-t$, de sorte que $y \equiv 0 \bmod IB'$. Soit $Q \in A[Y]$ le polynôme caractéristique de y . On a $Q \equiv Y^m \bmod I$ (où m est le rang de B' sur A). Alors $P = Q(X^2-X)$ est un polynôme unitaire, annulé par t , tel que $P \equiv (X^2-X)^m \bmod . I$. On a donc un A-morphisme $C = A[X]/(P) \to B'$ qui envoie l'image de X sur t . Si alors $\bar{f}$ est l'idempotent de $\bar{C} = C/IC$ qui a même image que X dans $\bar{C}_{red}$, il est clair que l'image de $\bar{f}$ dans $\bar{B}'$ est égale à $\bar{e}$. Soit E la A-algèbre étale qui représente les idempotents de C , et soit $\bar{u} : \bar{E} = E/IE \to \bar{A}$ le morphisme qui correspond à l'idempotent $\bar{f}$. Alors $\mathrm{Spec}(\bar{u}) : \mathrm{Spec}(\bar{A}) \to \mathrm{Spec}(\bar{E})$ est une immersion à la fois ouverte et fermée. Quitte à remplacer E par E_h , où h est un élément convenable de E , on peut supposer que $\bar{u}$ est un isomorphisme. Dans ce cas (E,IE) est un voisinage étale de (A,I). De plus, il résulte de la définition de E que l'idempotent $\bar{f}$ de $\bar{C}$ se relève en un idempotent de $C\otimes_A E$. Par suite $\bar{e}$ se relève en un idempotent de $B'\otimes_A E$ et on déduit facilement de là, que E domine A'.

Définition 3.- Un couple (A,I) est appelé un couple hensélien si I est contenu dans le radical de A et si (A,I) vérifie les conditions équivalentes de la proposition 1.

Exemples : 1) Soit A un anneau local d'idéal maximal m, alors (A,m) est un couple hensélien si et seulement si A est un anneau local hensélien.

2) Si A est un anneau séparé et complet pour la topologie I-adique alors (A,I) est hensélien.

La proposition suivante se démontre comme dans le cas local traité au chapitre I :

Proposition 2.- 1) Soient (A,I) un couple hensélien et B une A-algèbre entière, alors (B,IB) est hensélien.

2) Soit (A_λ, I_λ) un système inductif filtrant de couples henséliens, alors $(\varinjlim A_\lambda, \varinjlim I_\lambda)$ est un couple hensélien.

Définition 4.- Soit (A,I) un couple. Un hensélisé de (A,I) est un couple hensélien $(\tilde{A},\tilde{I})$ muni d'un morphisme $u : (A,I) \to (\tilde{A},\tilde{I})$ qui possède la propriété universelle suivante : Pour tout couple hensélien (B,J) et pour tout morphisme $v : (A,I) \to (B,J)$, il existe un unique morphisme $\tilde{v} : (\tilde{A},\tilde{I}) \to (B,J)$ tel que $\tilde{v}u = v$.

Le couple $(\tilde{A},\tilde{I})$ et le morphisme u sont évidemment caractérisés à un isomorphisme unique près par la propriété universelle ci-dessus.

Définition 5.- Soit (A,I) un couple avec $I \subset \mathrm{rad}(A)$. Un voisinage local-étale de (A,I) est un couple, au-dessus de (A,I), isomorphe au localisé en I', d'un voisinage étale (A',I') de (A,I).

Pour construire un hensélisé de (A,I), il est clair que l'on peut remplacer (A,I) par son localisé en I. Ceci étant, on a le résultat suivant qui se démontre comme dans le cas local (cf. chap.VIII) :

<u>Théorème</u> 2.- Soit (A,I) un couple tel que I soit contenu dans le radical de A.

a) Il existe un ensemble (A_λ, I_λ), $\lambda \in \Lambda$ de voisinages local-étales de (A,I), tel que pour tout voisinage local-étale (A',I') de (A,I) il existe un élément λ de Λ et un seul, tel que (A',I') soit isomorphe à (A_λ, I_λ).

b) L'ensemble Λ est filtrant pour la relation d'ordre

" $\lambda \leqslant \mu$ si et seulement si A_μ domine A_λ ".

c) Le couple $(\tilde{A},\tilde{I}) = (\varinjlim A_\lambda, \varinjlim I_\lambda)$, muni du morphisme canonique $(A,I) \to (\tilde{A},\tilde{I})$ est un hensélisé de (A,I).

La plupart des propriétés des anneaux locaux henséliens et des hensélisés d'anneaux locaux, énoncées dans le chapitre VIII §3 et §4, s'étendent aux couples henséliens et aux hensélisés d'un couple. En particulier, si $(\tilde{A},\tilde{I})$ est un hensélisé d'un couple (A,I) avec $I \subset \mathrm{rad}(A)$, $\tilde{A}$ est fidèlement plat sur A, A et $\tilde{A}$ ont des séparés complétés pour la topologie I-adique qui sont isomorphes, $\tilde{A}$ est réduit (resp. normal, resp. noethérien) si et seulement si il en est de même de A.

§3. Nouvelle description des couples henséliens dans le cas des "bons anneaux noethériens".

Théorème 3.- Soient (A,I) un couple hensélien et $\hat{A}$ le complété de A pour la topologie I-adique. On suppose que les fibres du morphisme

$$\mathrm{Spec}(\hat{A}) \to \mathrm{Spec}(A)$$

sont géométriquement normales (EGA IV 6.7.6) (condition certainement vérifiée si A est excellent (EGA IV.7). Alors :

a) Les fibres du morphisme $\mathrm{Spec}(\hat{A}) \to \mathrm{Spec}(A)$ sont géométriquement intègres.

b) Si A est réduit, A est intégralement fermé dans $\hat{A}$.

Démonstration : Prouvons d'abord b). Soit B le normalisé de A dans son anneau total de fractions et soit $\hat{B} = B \otimes_A \hat{A}$.

i) Montrons que B est intégralement fermé dans $\hat{B}$. Pour établir ce point, on peut raisonner séparément sur chacune des composantes irréductibles de $\mathrm{Spec}(B)$, donc supposer B intègre, de corps des fractions K. On sait que $\hat{A}$ est plat sur A. Il résulte alors des hypothèses faites, que le morphisme $\mathrm{Spec}(\hat{A}) \to \mathrm{Spec}(A)$ est normal (EGA IV 6.8.1) et par suite $\hat{B}$ est normal (EGA IV 6.14.1). Pour établir que B est intégralement fermé dans $\hat{B}$, il suffit alors de montrer que si $\hat{B}$ contient la clôture intégrale C de K dans une extension finie L de K, alors $L = K$. Posons $\hat{C} = C \otimes_B \hat{B}$ qui est encore normal d'après EGA IV 6.14.1. Comme C est contenu dans $\hat{B}$, on a un $\hat{B}$-morphisme canonique $u : \hat{C} \to \hat{B}$. Puisque $\hat{C}$ est normal, il est immédiat que u fait de $\hat{B}$ un facteur direct de $\hat{C}$. Soit $\hat{e}$ l'idempotent de $\hat{C}$ correspondant au projecteur u. Par réduction mod I, on en déduit un idempotent $\bar{e}$ de $\bar{C} = C/IC \simeq \hat{C}/I\hat{C}$. Mais, comme (B,IB) est hensélien (car B est entier sur A), $\bar{e}$ se relève en un idempotent e de C , dont l'image dans $\hat{C}$ est nécessairement égal à $\hat{e}$. Or C est intègre, donc $1 = e = \hat{e}$ et par suite $L = K$.

ii) Il résulte de i) que la clôture intégrale de A dans $\hat{A}$ est contenue dans B (on considère B et $\hat{A}$ comme plongés dans $\hat{B}$). Mais comme $\hat{A}$ est fidèlement plat sur A , on a $\hat{A} \cap B = A$ donc A est intégralement fermé dans $\hat{A}$.

a) Soit p un idéal premier de A . Pour étudier la fibre formelle, au-dessus de p , on peut remplacer A par A/pA . Notons que (A/pA , IA/pA) est encore hensélien (prop.2) et que les fibres formelles de A/pA , pour la topologie I-adique, sont certaines des fibres formelles de A , donc sont géométriquement normales. On est donc ramené à supposer A intègre de corps des fractions K et à montrer que $\hat{A} \otimes_A K$ est géométriquement intègre. Mais cela résulte du fait que $\hat{A} \otimes_A K$ est géométriquement normal et du fait que K est algébriquement fermé dans $\hat{A} \otimes_A K$ d'après b).

Corollaire 1.- Soient A un anneau noethérien réduit, I un idéal de A contenu dans le radical de A , $\hat{A}$ le complété de A pour la topologie I adique. Supposons que les fibres du morphisme $\mathrm{Spec}(\hat{A}) \to \mathrm{Spec}(A)$ soient géométriquement normales, enfin soit B la clôture intégrale de A dans $\hat{A}$. Alors le localisé de B en l'idéal $B \cap I\hat{A}$ est un hensélisé de (A,I).

Démonstration : Soit $(\tilde{A},\tilde{I})$ un hensélisé de (A,I). Alors $\tilde{A}$ se plonge canoniquement dans $\hat{A}$. Comme les fibres du morphisme $\mathrm{Spec}(\tilde{A}) \to \mathrm{Spec}(A)$ sont des limites inductives d'algèbres étales, il est immédiat que les fibres de $\mathrm{Spec}(\hat{A}) \to \mathrm{Spec}(\tilde{A})$ sont géométriquement normales, puisqu'il en est ainsi des fibres de $\mathrm{Spec}(\hat{A}) \to \mathrm{Spec}(A)$. Par ailleurs $\tilde{A}$ est réduit puisque A est réduit. On conclut du théorème 3 b) que $\tilde{A}$ est intégralement fermé dans $\hat{A}$. Par suite B est la clôture intégrale de A dans $\tilde{A}$ et $B \cap I\hat{A} = B \cap \tilde{I}$ (puisque $I\hat{A} \cap \tilde{A} = \tilde{I}$).

Considérons alors $\tilde{A}$ comme limite inductive de voisinages locaux-étales A_i de (A,I) et soit B_i la clôture intégrale de A dans B_i. Il résulte immédiatement du Main theorem de Zariski que A_i est le localisé de B_i le long de l'idéal $B_i \cap IA_i$. Par passage à la limite inductive, on en déduit que $\tilde{A}$ est le localisé de B suivant l'idéal $\tilde{I} \cap B$.

Bibliographie.

[1] N. Bourbaki. Algèbres nettes et égales (à paraître).

[2] E. Crépeaux. Une caractérisation des couples henséliens. L'enseignement mathématique (Suisse) IIème série t.13 (1967) p. 273-279.

[3] J. Dieudonné et A. Grothendieck. Eléments de géométrie algébrique (cité EGA). Publ. de l'I.H.E.S. N°4 ...

[4] J.P. Lafon. Anneaux henséliens. Bul. Soc. Math. de Fr. t.91 (1963) p. 77 à 107.

[5] M. Nagata. Local rings. Interscience publishers.

[6] Peskine. Le théorème Principal de Zariski. Bul. Sc. Math. (1968).

ture Notes in Mathematics

rschienen/Already published

. Wermer, Seminar über Funktionen-Algebren. IV, 30 Seiten. M 3,80 / $ 1.10

A. Borel, Cohomologie des espaces localement compacts J. Leray. IV, 93 pages. 1964. DM 9,– / $ 2.60

F. Adams, Stable Homotopy Theory. Third edition. IV, 78 pages. M 8,– / $ 2.20

M. Arkowitz and C. R. Curjel, Groups of Homotopy Classes. ised edition. IV, 36 pages. 1967. DM 4,80 / $ 1.40

J.-P. Serre, Cohomologie Galoisienne. Troisième édition. pages. 1965. DM 18,– / $ 5.00

H. Hermes, Term Logic with Choise Operator. III, 55 pages. M 6,– / $ 1.70

Ph. Tondeur, Introduction to Lie Groups and Transformation Second edition. VIII, 176 pages. 1969. DM 14,– / $ 3.80

G. Fichera, Linear Elliptic Differential Systems and Eigenvalue s. IV, 176 pages. 1965. DM 13,50 / $ 3.80

. L. Ivănescu, Pseudo-Boolean Programming and Applications. ages. 1965. DM 4,80 / $ 1.40

H. Lüneburg, Die Suzukigruppen und ihre Geometrien. VI, n. 1965. DM 8,– / $ 2.20

-P. Serre, Algèbre Locale. Multiplicités. Rédigé par P. Gabriel. e édition. VIII, 192 pages. 1965. DM 12,– / $ 3.30

A. Dold, Halbexakte Homotopiefunktoren. II, 157 Seiten. 1966. / $ 3.30

E. Thomas, Seminar on Fiber Spaces. IV, 45 pages. 1966.) / $ 1.40

H. Werner, Vorlesung über Approximationstheorie. IV, 184 Sei- 12 Seiten Anhang. 1966. DM 14,– / $ 3.90

F. Oort, Commutative Group Schemes. VI, 133 pages. 1966. / $ 2.70

J. Pfanzagl and W. Pierlo, Compact Systems of Sets. IV, s. 1966. DM 5,80 / $ 1.60

C. Müller, Spherical Harmonics. IV, 46 pages. 1966. / $ 1.40

H.-B. Brinkmann und D. Puppe, Kategorien und Funktoren. Seiten, 1966. DM 8,– / $ 2.20

G. Stolzenberg, Volumes, Limits and Extensions of Analytic s. IV, 45 pages. 1966. DM 5,40 / $ 1.50

R. Hartshorne, Residues and Duality. VIII, 423 pages. 1966. – / $ 5.50

Seminar on Complex Multiplication. By A. Borel, S. Chowla, rz, K. Iwasawa, J.-P. Serre. IV, 102 pages. 1966. DM 8,– / $ 2.20

: H. Bauer, Harmonische Räume und ihre Potentialtheorie. Seiten. 1966. DM 14,– / $ 3.90

P. L. Ivănescu and S. Rudeanu, Pseudo-Boolean Methods for Programming. 120 pages. 1966. DM 10,– / $ 2.80

: J. Lambek, Completions of Categories. IV, 69 pages. 1966.) / $ 1.90

R. Narasimhan, Introduction to the Theory of Analytic Spaces. pages. 1966. DM 10,– / $ 2.80

: P.-A. Meyer, Processus de Markov. IV, 190 pages. 1967. – / $ 4.20

': H. P. Künzi und S. T. Tan, Lineare Optimierung großer e. VI, 121 Seiten. 1966. DM 12,– / $ 3.30

: P. E. Conner and E. E. Floyd, The Relation of Cobordism to ries. VIII, 112 pages. 1966. DM 9,80 / $ 2.70

: K. Chandrasekharan, Einführung in die Analytische Zahlen- VI, 199 Seiten. 1966. DM 16,80 / $ 4.70

. A. Frölicher and W. Bucher, Calculus in Vector Spaces without K, 146 pages. 1966. DM 12,– / $ 3.30

: Symposium on Probability Methods in Analysis. Chairman. appos. IV, 329 pages. 1967. DM 20,– / $ 5.50

: M. André, Méthode Simpliciale en Algèbre Homologique et e Commutative. IV, 122 pages. 1967. DM 12,– / $ 3.30

3: G. I. Targonski, Seminar on Functional Operators and ons. IV, 110 pages. 1967. DM 10,– / $ 2.80

: G. E. Bredon, Equivariant Cohomology Theories. VI, 64 pages. M 6,80 / $ 1.90

: N. P. Bhatia and G. P. Szegö, Dynamical Systems. Stability and Applications. VI, 416 pages. 1967. DM 24,– / $ 6.60

: A. Borel, Topics in the Homology Theory of Fibre Bundles. pages. 1967. DM 9,– / $ 2.50

Vol. 37: R. B. Jensen, Modelle der Mengenlehre. X, 176 Seiten. 1967. DM 14,– / $ 3.90

Vol. 38: R. Berger, R. Kiehl, E. Kunz und H.-J. Nastold, Differentialrechnung in der analytischen Geometrie IV, 134 Seiten. 1967 DM 12,– / $ 3.30

Vol. 39: Séminaire de Probabilités I. II, 189 pages. 1967. DM 14,– / $ 3.90

Vol. 40: J. Tits, Tabellen zu den einfachen Lie Gruppen und ihren Darstellungen. VI, 53 Seiten. 1967. DM 6.80 / $ 1.90

Vol. 41: A. Grothendieck, Local Cohomology. VI, 106 pages. 1967. DM 10,– / $ 2.80

Vol. 42: J. F. Berglund and K. H. Hofmann, Compact Semitopological Semigroups and Weakly Almost Periodic Functions. VI, 160 pages. 1967. DM 12,– / $ 3.30

Vol. 43: D. G. Quillen, Homotopical Algebra. VI, 157 pages. 1967. DM 14,– / $ 3.90

Vol. 44: K. Urbanik, Lectures on Prediction Theory. IV, 50 pages. 1967. DM 5,80 / $ 1.60

Vol. 45: A. Wilansky, Topics in Functional Analysis. VI, 102 pages. 1967. DM 9,60 / $ 2.70

Vol. 46: P. E. Conner, Seminar on Periodic Maps. IV, 116 pages. 1967. DM 10,60 / $ 3.00

Vol. 47: Reports of the Midwest Category Seminar I. IV, 181 pages. 1967. DM 14,80 / $ 4.10

Vol. 48: G. de Rham, S. Maumary et M. A. Kervaire, Torsion et Type Simple d'Homotopie. IV, 101 pages. 1967. DM 9,60 / $ 2.70

Vol. 49: C. Faith, Lectures on Injective Modules and Quotient Rings. XVI, 140 pages. 1967. DM 12,80 / $ 3.60

Vol. 50: L. Zalcman, Analytic Capacity and Rational Approximation. VI, 155 pages. 1968. DM 13.20 / $ 3.70

Vol. 51: Séminaire de Probabilités II. IV, 199 pages. 1968. DM 14,– / $ 3.90

Vol. 52: D. J. Simms, Lie Groups and Quantum Mechanics. IV, 90 pages. 1968. DM 8,– / $ 2.20

Vol. 53: J. Cerf, Sur les difféomorphismes de la sphère de dimension trois (Γ_4= O). XII, 133 pages. 1968. DM 12,– / $ 3.30

Vol. 54: G. Shimura, Automorphic Functions and Number Theory. VI, 69 pages. 1968. DM 8,– / $ 2.20

Vol. 55: D. Gromoll, W. Klingenberg und W. Meyer, Riemannsche Geometrie im Großen. VI, 287 Seiten. 1968. DM 20,– / $ 5.50

Vol. 56: K. Floret und J. Wloka, Einführung in die Theorie der lokalkonvexen Räume. VIII, 194 Seiten. 1968. DM 16,– / $ 4.40

Vol. 57: F. Hirzebruch und K. H. Mayer, O (n)-Mannigfaltigkeiten, exotische Sphären und Singularitäten. IV, 132 Seiten. 1968. DM 10,80 / $ 3.00

Vol. 58: Kuramochi Boundaries of Riemann Surfaces. IV, 102 pages. 1968. DM 9,60 / $ 2.70

Vol. 59: K. Jänich, Differenzierbare G-Mannigfaltigkeiten. VI, 89 Seiten. 1968. DM 8,– / $ 2.20

Vol. 60: Seminar on Differential Equations and Dynamical Systems. Edited by G. S. Jones. VI, 106 pages. 1968. DM 9,60 / $ 2.70

Vol. 61: Reports of the Midwest Category Seminar II. IV, 91 pages. 1968. DM 9,60 / $ 2.70

Vol. 62: Harish-Chandra, Automorphic Forms on Semisimple Lie Groups X, 138 pages. 1968. DM 14,– / $ 3.90

Vol. 63: F. Albrecht, Topics in Control Theory. IV, 65 pages. 1968. DM 6,80 / $ 1.90

Vol. 64: H. Berens, Interpolationsmethoden zur Behandlung von Approximationsprozessen auf Banachräumen. VI, 90 Seiten. 1968. DM 8,– / $ 2.20

Vol. 65: D. Kölzow, Differentiation von Maßen. XII, 102 Seiten. 1968. DM 8,– / $ 2.20

Vol. 66: D. Ferus, Totale Absolutkrümmung in Differentialgeometrie und -topologie. VI, 85 Seiten. 1968. DM 8,– / $ 2.20

Vol. 67: F. Kamber and P. Tondeur, Flat Manifolds. IV, 53 pages. 1968. DM 5,80 / $ 1.60

Vol. 68: N. Boboc et P. Mustaţă, Espaces harmoniques associés aux opérateurs différentiels linéaires du second ordre de type elliptique. VI, 95 pages. 1968. DM 8,60 / $ 2.40

Vol. 69: Seminar über Potentialtheorie. Herausgegeben von H. Bauer. VI, 180 Seiten. 1968. DM 14,80 / $ 4.10

Vol. 70: Proceedings of the Summer School in Logic. Edited by M. H. Löb. IV, 331 pages. 1968. DM 20,– / $ 5.50

Vol. 71: Séminaire Pierre Lelong (Analyse), Année 1967 – 1968. VI, 19 pages. 1968. DM 14,– / $ 3.90

Bitte wenden / Continued

: Seminar on Differential Equations and Dynamical Systems, d by J. A. Yorke. VIII, 268 pages. 1970. DM 20,– / $ 5.50

: E. J. Dubuc, Kan Extensions in Enriched Category Theory. pages. 1970. DM 16,– / $ 4.40

: A. B. Altman and S. Kleiman, Introduction to Grothendieck Theory. II, 192 pages. 1970. DM 18,– / $ 5.00

: D. E. Dobbs, Cech Cohomological Dimensions for Com- Rings. VI, 176 pages. 1970. DM 16,– / $ 4.40

: R. Azencott, Espaces de Poisson des Groupes Localement ts. IX, 141 pages. 1970. DM 14,– / $ 3.90

: R. G. Swan and E. G. Evans, K-Theory of Finite Groups and IV, 237 pages. 1970. DM 20,– / $ 5.50

: Heyer, Dualität lokalkompakter Gruppen. XIII, 372 Seiten. M 20,– / $ 5.50

M. Demazure et A. Grothendieck, Schémas en Groupes I. . XV, 562 pages. 1970. DM 24,– / $ 6.60

: M. Demazure et A. Grothendieck, Schémas en Groupes II. . IX, 654 pages. 1970. DM 24,– / $ 6.60

: M. Demazure et A. Grothendieck, Schémas en Groupes III. . VIII, 529 pages. 1970. DM 24,– / $ 6.60

: A. Lascoux et M. Berger, Variétés Kähleriennes Compactes. ages. 1970. DM 8,– / $ 2.20

: J. Horváth, Serveral Complex Variables, Maryland 1970, I. ages. 1970. DM 18,– / $ 5.00

: R. Hartshorne, Ample Subvarieties of Algebraic Varieties. 3 pages. 1970. DM 20,– / $ 5.50

: T. tom Dieck, K. H. Kamps und D. Puppe, Homotopietheorie. Seiten. 1970. DM 20,– / $ 5.50

: T. G. Ostrom, Finite Translation Planes. IV. 112 pages. 1970. - / $ 2.80

: R. Ansorge und R. Hass. Konvergenz von Differenzenver- für lineare und nichtlineare Anfangswertaufgaben. VIII, 145 1970. DM 14,– / $ 3.90

: L. Sucheston, Constributions to Ergodic Theory and Proba- I, 277 pages. 1970. DM 20,– / $ 5.50

: J. Stasheff, H-Spaces from a Homotopy Point of View. ages. 1970. DM 10,– / $ 2.80

: Harish-Chandra and van Dijk, Harmonic Analysis on Reduc- dic Groups. IV, 125 pages. 1970. DM 12,– / $ 3.30

3: P. Deligne, Equations Différentielles à Points Singuliers rs. III, 133 pages. 1970. DM 12,– / $ 3.30

: J. P. Ferrier, Seminaire sur les Algebres Complétes. II, 69 pa- 70. DM 8,– / $ 2.20

: J. M. Cohen, Stable Homotopy. V, 194 pages. 1970. DM 16,– /

6: A. J. Silberger, PGL_2 over the p-adics: its Representations, cal Functions, and Fourier Analysis. VII, 202 pages. 1970. – / $ 5.00

7: Lavrentiev, Romanov and Vasiliev, Multidimensional Inverse ms for Differential Equations. V, 59 pages. 1970. DM 10,– / $ 2.80

8: F. P. Peterson, The Steenrod Algebra and its Applications: ference to Celebrate N. E. Steenrod's Sixtieth Birthday. VII, ges. 1970. DM 22,– / $ 6.10

9: M. Raynaud, Anneaux Locaux Henséliens. V, 129 pages. 1970. – / $ 3.30